农民教育培训系列教材

化肥农药
减量增效技术

刘国华 王少平 刘 凯 ◎ 主编

中国农业科学技术出版社

图书在版编目（CIP）数据

化肥农药减量增效技术／刘国华，王少平，刘凯主编.—北京：中国农业科学技术出版社，2019.6（2024.12重印）

ISBN 978-7-5116-4238-7

Ⅰ.①化… Ⅱ.①刘…②王…③刘… Ⅲ.①施肥②农药施用 Ⅳ.①S147.2②S48

中国版本图书馆CIP数据核字（2019）第113287号

责任编辑	崔改泵
责任校对	马广洋

出 版 者	中国农业科学技术出版社
	北京市中关村南大街12号 邮编：100081
电 话	（010）82109194（编辑室） （010）82109702（发行部）
	（010）82109709（读者服务部）
传 真	（010）82106650
网 址	http://www.castp.cn
经 销 者	各地新华书店
印 刷 者	北京建宏印刷有限公司
开 本	880mm×1 230mm 1/32
印 张	5.375
字 数	140千字
版 次	2019年6月第1版 2024年12月第4次印刷
定 价	33.00元

〓〓〓 版权所有·翻印必究 〓〓〓

《化肥农药减量增效技术》编委会

主　编： 刘国华　王少平　刘　凯
副主编： 孔剑红　高正杰　张明秀　张淑芬
　　　　 张秀芳　梁卫东　杨　林　花学军
　　　　 贾光辉　高正杰　高增利　巩存来
　　　　 陈书珍　祝　臣　刘红菊　刘建斌
　　　　 孙秀媛　刘敬敏　朱富春　周成建
　　　　 李　磊　袁雪松　英有文　桂　凤
　　　　 万友水　王海峰　韦劲莹　王立辉
　　　　 宇金玲　程俊峰
编　委： 王玉红　胡丽华　张迎梅　李永香
　　　　 李春梅　梁　鹏　张　婧　石　磊
　　　　 邵冬红　赵彩梅　张海燕　马艳洁
　　　　 郑剑英　鹿树丽　刘立国

前　言

　　我国化学肥料和农药过量施用严重，由此引起环境污染和农产品质量安全等一系列问题。因此，制定化肥、农药施用限量标准，发展有机肥料替代化肥和绿色防控技术，创制新型肥料和农药，研发大型智能精准机具，以及加强技术集成创新与应用是我国实现化肥和农药减量增效的关键，可为农业可持续发展提供有力的科技支撑。

　　本书主要讲述了化肥与农药应用概况、化肥减量增效基础知识、粮食作物化肥减量增效技术、蔬菜化肥减量增效技术、果树化肥减量增效技术、茶树化肥减量增效技术、农药减量增效基础知识、粮食作物病虫草害综合防控技术、蔬菜病虫害综合防控技术、果树病虫害综合防控技术、茶树病虫草害综合防控技术等方面的内容。

　　由于编者水平所限，加之时间仓促，书中不当与错误之处在所难免，恳切希望广大读者和同行批评指正。

编者

目 录

第一章 化肥、农药应用概况 …………………………………（1）
　第一节 化肥、农药的含义 ………………………………（1）
　第二节 化肥、农药的作用 ………………………………（1）
　第三节 化肥、农药减量增效的意义 ……………………（2）
　　一、化肥减量增效的意义 ………………………………（2）
　　二、农药减量增效的意义 ………………………………（3）
第二章 化肥减量增效基础知识 ……………………………（5）
　第一节 农业化肥减量技术概述 …………………………（5）
　　一、化肥是现代农业的物质支撑 ………………………（5）
　　二、我国化肥施用现状和存在的问题 …………………（7）
　　三、正确认识化肥利用中的有关问题 …………………（8）
　第二节 新型肥料科学施用技术 …………………………（10）
　　一、缓/控释肥料科学施用技术 …………………………（10）
　　二、尿素改性类肥料科学施用技术 ……………………（12）
　　三、水溶性肥料科学施用技术 …………………………（19）
　　四、功能性肥料科学施用技术 …………………………（21）
第三章 粮食作物化肥减量增效技术 ………………………（27）
　第一节 水稻减量增效施肥技术 …………………………（27）
　　一、水稻需肥量和需肥规律 ……………………………（27）
　　二、水稻应如何施肥 ……………………………………（28）

三、水稻大田期追肥的注意事项……………………（29）
　　四、水稻缺磷、缺钾或缺锌造成"僵苗"的区别……（30）
第二节　玉米减量增效施肥技术………………………（31）
　　一、玉米生产中存在的问题与施肥原则……………（31）
　　二、施肥建议…………………………………………（32）
　　三、施肥方法…………………………………………（33）
第三节　谷子减量增效施肥技术………………………（33）
　　一、谷子生产中存在的问题与施肥原则……………（33）
　　二、施肥建议…………………………………………（34）
　　三、施肥方法…………………………………………（34）
第四节　小麦减量增效施肥技术………………………（35）
　　一、小麦后期喷施磷酸二氢钾可以增产……………（35）
　　二、冬小麦的需肥量和需肥规律……………………（35）
　　三、冬小麦如何施用底肥和种肥……………………（36）
　　四、小麦如何巧施返青、拔节、孕穗肥……………（37）

第四章　蔬菜化肥减量增效技术………………………（39）
第一节　主要蔬菜养分需求特点………………………（39）
　　一、我国蔬菜施肥现状………………………………（39）
　　二、年周期生长发育与养分吸收特点………………（40）
　　三、影响施肥效率的因素……………………………（43）
　　四、施肥管理措施……………………………………（46）
第二节　瓜类蔬菜减量增效技术………………………（48）
　　一、黄瓜………………………………………………（48）
　　二、西瓜………………………………………………（49）
　　三、西葫芦……………………………………………（50）
第三节　豆类蔬菜减量增效技术………………………（51）
　　一、菜豆………………………………………………（51）
　　二、豇豆………………………………………………（53）

第四节 茄果类蔬菜减量增效技术 …………………… (54)
　　一、番茄 ………………………………………… (54)
　　二、茄子 ………………………………………… (55)
　　三、辣椒 ………………………………………… (56)
第五节 叶菜类蔬菜减量增效技术 …………………… (57)
　　一、大白菜 ……………………………………… (58)
　　二、结球甘蓝 …………………………………… (61)
　　三、芹菜 ………………………………………… (62)

第五章 果树化肥减量增效技术 ………………………… (64)
第一节 主要果树养分需求特点 ……………………… (64)
　　一、我国果树生产及化肥应用现状 …………… (64)
　　二、年周期生长发育与养分吸收特点 ………… (66)
　　三、施肥管理措施 ……………………………… (67)
第二节 苹果树减量增效技术 ………………………… (72)
　　一、苹果树施肥 ………………………………… (72)
　　二、苹果树的中量、微量元素失调及矫治 …… (73)
第三节 梨树减量增效技术 …………………………… (75)
　　一、基肥 ………………………………………… (75)
　　二、追肥 ………………………………………… (75)
第四节 葡萄减量增效技术 …………………………… (76)
　　一、基肥 ………………………………………… (76)
　　二、追肥 ………………………………………… (76)
　　三、葡萄的中量、微量元素失调及矫正 ……… (77)

第六章 茶树化肥减量增效技术 ………………………… (79)
第一节 茶树作物养分需求特点 ……………………… (79)
　　一、茶树的生产现状 …………………………… (79)
　　二、茶树养分需求特点 ………………………… (79)

三、影响茶树养分吸收的因素 …………………………（82）
　第二节　茶园化肥减量增效技术 ………………………（84）
　　一、优化施肥原则 ………………………………………（84）
　　二、施肥数量 ……………………………………………（84）
　　三、施肥次数与配比 ……………………………………（84）
　　四、有机基肥施用方法 …………………………………（85）
　　五、化肥使用方法 ………………………………………（85）

第七章　农药减量增效基础知识 …………………………（86）
　第一节　农业节药技术概述 ………………………………（86）
　　一、农药对农业生产的贡献 ……………………………（86）
　　二、农药对环境的危害 …………………………………（88）
　第二节　机械节药技术 ……………………………………（90）
　　一、机电一体化技术 ……………………………………（90）
　　二、自动对靶施药技术 …………………………………（91）
　　三、施药防飘移技术 ……………………………………（91）
　第三节　物理节药技术 ……………………………………（91）
　　一、热力技术 ……………………………………………（92）
　　二、分离捕集技术 ………………………………………（94）
　　三、气调技术 ……………………………………………（97）
　　四、激光技术 ……………………………………………（98）
　　五、声控技术 ……………………………………………（99）
　　六、辐照技术 ……………………………………………（99）
　第四节　农业生产措施节药技术 …………………………（100）
　　一、嫁接技术的应用 ……………………………………（100）
　　二、种子包衣技术 ………………………………………（102）
　　三、种植制度与农业节药 ………………………………（103）
　　四、农药增效技术 ………………………………………（104）

目 录

第八章 粮食作物病虫草害综合防控技术 (109)

第一节 主要病虫草害 (109)
一、小麦主要病虫草害 (109)
二、水稻主要病虫草害 (114)

第二节 小麦病虫草害综合防控技术 (117)

第三节 水稻病虫草害综合防控技术 (118)
一、药剂拌种 (118)
二、药剂喷雾防治 (118)
三、注意事项 (120)

第九章 蔬菜病虫害综合防控技术 (121)

第一节 主要病虫害 (121)
一、黄瓜主要病虫害 (121)
二、番茄主要病虫害 (123)
三、甘蓝主要病虫害 (127)
四、芹菜主要病虫害 (128)

第二节 病虫害综合防控技术 (129)
一、设施黄瓜病虫害综合防控技术 (129)
二、设施番茄病虫害绿色防控技术 (135)
三、叶菜类蔬菜绿色防控技术 (138)
四、蔬菜种子包衣防病技术 (138)
五、苗床土消毒技术 (138)
六、苗期灌根防治蚜虫、白粉虱及传毒媒介新技术 (139)

第十章 果树病虫害综合防控技术 (140)

第一节 主要病虫害 (140)
一、柑橘主要病虫害 (140)
二、苹果主要病虫害 (144)

第二节　综合防控技术 ………………………………（148）
　　　一、柑橘病虫害综合防控技术 ………………………（148）
　　　二、苹果病虫害综合防控技术 ………………………（151）

第十一章　茶树病虫草害综合防控技术 …………………（155）
　第一节　主要病虫草害 ………………………………（155）
　　　一、病害 ………………………………………………（155）
　　　二、虫害 ………………………………………………（155）
　　　三、草害 ………………………………………………（156）
　第二节　综合防控技术 ………………………………（156）
　　　一、安装虫情测报灯 …………………………………（156）
　　　二、推广使用杀虫灯 …………………………………（157）
　　　三、加强农业防治 ……………………………………（157）
　　　四、使用性诱剂诱杀 …………………………………（158）
　　　五、应用信息素粘虫板 ………………………………（158）
　　　六、使用植物源农药 …………………………………（159）
　　　七、冬季封园 …………………………………………（159）

主要参考文献 ……………………………………………（160）

第一章 化肥、农药应用概况

第一节 化肥、农药的含义

化肥：是指用化学和（或）物理方法制成的含有一种或几种农作物生长所需要的营养元素的肥料的总称，又称商品肥料或是无机肥料。化肥特点就是成分单一或是多种、养分含量高、肥效快，一般不含有有机质并且具有一定的酸碱反应，贮运和使用方便。

农药：是指用来防治农业及农副产品的病菌、害虫、螨类、线虫类、杂草、鼠类和调节植物生长的药剂，以及使这些药剂效力增加的辅助剂和增效剂。农药广义的定义是指用于预防、消灭或者控制危害农业、林业的病虫草害和其他有害生物以及有目的地调节植物、昆虫生长的化学制剂或者来源于生物、其他天然物质的一种物质或者几种物质的混合物及其制剂。

第二节 化肥、农药的作用

化肥是农业持续发展的物质基础，在农业生产中发挥着重要的作用。据联合国粮农组织（FAO）的资料，发展中国家施用化肥可提高粮食作物单产55%~57%，提高总产量30%~31%。施用化肥无论在发达国家或发展中国家都是最快、最有效、最重要的增产措施。据专家分析，我国耕地基础地力偏低，化肥施用对粮食增产的贡献较大，贡献率在40%以上。20世纪，粮食单产的1/2、总产的1/3来自化肥的贡献。全国化肥试验表明，施用化肥可提高水稻、玉米、棉花单产40%~50%，提高小麦、油菜等越冬作物单产50%~60%，提高大豆单产近20%。21世纪初，化肥对粮食总产的贡献率，小麦为30.5%，玉米为25.3%，水稻为18.7%。21世纪的前10年与20世纪相比，化肥对粮食增产的贡献率虽然有所下降，但对三大主粮总产量的贡献率仍占1/4。化肥对保证粮食安全起到了重要作用。因此，化肥在农业生产中对于提高作物产量、提高土壤生产力发挥着重要的作用。

农药是重要的农业生产资料，由于具有高效、快速、经济、使用简便等特点，成为防治农作物病、虫、草、鼠害的重要手段。大幅度降低了病、虫、草、鼠等对农作物的危害，使得农业有了稳产的可能性，农产品产量和质量均有所提高。我国每年使用农药挽回的损失可解决1亿人口的吃饭穿衣问题，农药为我国解决温饱问题做出了功不可没的贡献，发挥了举足轻重的作用。但大多数农药又是有毒物质，如果使用不当会产生负面影响。所以，要客观、科学、公正、辩证地评价农药的功过，才能扬其利、避其害。随着科学技术的进步，农药必将会被不断改进与提高，继续发挥重要作用。

第三节　化肥、农药减量增效的意义

一、化肥减量增效的意义

中国是农业大国，农业是国民经济的基础，保障国家粮食安全和重要农产品有效供给是建设现代农业的首要任务。在人口压力大、环境资源紧张、农业基础薄弱，且农业有害生物多发、频发的严峻形势下，我国粮食生产连续11年保持增长，化肥、农药做出了重要的贡献。然而，过量和不能合理、适时、对症用肥用药，化肥、农药利用率不高，带来了土壤板结、土壤酸化、农药残留毒性大、病虫抗（耐）药性上升、次要害虫大发生、环境污染和生态平衡破坏等一系列问题，严重威胁着我国农产品质量安全和农业生态环境安全。因此，需要加快改变农作物对化肥、农药过分依赖的传统方式，在稳产增产前提下，大力发展化肥、农药替代技术及相关产品研发，促进化学肥料高效利用、传统化学防治向现代绿色防控的转变，减少生产中化肥、农药的投入与使用，实现农产品产量与质量安全、农业生态环境保护相协调的可持续发展，同时降低农业生产成本，促进农民节本增效。

二、农药减量增效的意义

"十三五"中央农村工作主线在于"稳粮增收调结构，提质增效转方式"，其中"化肥减量提效、农药减量控害"是该工作的重要内容。为促进化肥、农药减量增效和科学安全使用，农业部先后出台了相关的政策和实施方案。2015年，农业部下发了关于印发《到2020年化肥使用量零增长行动方案》和《到2020年农药使用量零增长行动方案》的通知（农农发〔2015〕2号）。在方案中强调，农药减量增效重点是"药、械、人"三要素协调提升。推广高效、低毒、低残留农药，推广新型高效植保机械，普及科学用药知识，以新型农业经营主体及病虫防治专业化服务组织为重点，培养一批科学用药技术骨干，辐射带动农民正确选购农药、科学使用农药，整体提高农民科学用药意识和用药水平。通过强化组织领导、上下联动推进、强化政策扶持、发挥专家作用、加强法制保障、强化宣传引导等途径，积极推进农药减量增效技术，大力宣传绿色防控技术和科学用药知识，增强农民安全用药意识，推广统防统控技术，营造良好社会氛围。

自2015年农业部提出《到2020年农药使用量零增长行动方案》以来，全国各级农业植保部门认真组织实施，积极开拓创新，狠抓关键措施，强化工作落实，农药减量增效取得良好成效，实现了农药减量使用、重大病虫灾害有效防控的目标，对推进农业发展方式转变，保障农业生产安全、农产品质量安全和生态环境安全，促进农业绿色、可持续发展，起到了积极推动作用。推广农药减量控害技术，实现农药使用量零增长，是当前和今后一个时期农业植保工作的一项重要任务，要加大工作力度，进一步推进，力争有新的突破。

关于农药使用量零增长行动方案今后如何推进与落实，相关专家一致认为要从五方面加大工作力度：一是强化农作物重大病虫害监测预警，夯实病虫防控基础，确保及时采取有效防控措施；二是深化绿色植保理念，实化、优化综合防控技术，尽量减少化学防治；三是扎实推进专业化统防统治，加快发展病虫害防治社会化服务组织，提高农药科学使用水平；四是强化农药新品种、新剂型、新助剂等试验示范，抓好农药科学安全使用技术培训，促进农药减量增效；五是加大先进高效施药机械及施药技术推广力度，提升防治装备水平，切实提高农药利用率。

通过化肥、农药的减量增效及其他措施的研发、推广和应用，在不久的将来，我国将形成产出高效、产品安全、资源节约、环境友好的现代农业发展之路。

第二章 化肥减量增效基础知识

第一节 农业化肥减量技术概述

一、化肥是现代农业的物质支撑

化肥起源于欧洲,是工业革命的产物。1800年英国率先从工业炼焦中回收硫酸铵作为肥料,但直到1908年德国发明了现代合成氨工艺,才实现了化肥充足供应。化肥的施用让欧洲生活水平迅速提高,并成为世界经济中心。鉴于化肥对人类文明的重大贡献,合成氨技术发明者Fritz Haber(1918年)和Carl Bosch(1931年)先后获得诺贝尔化学奖。

(一)化肥的特性和历史功绩

(1)化肥来自自然界,供应效率高。氮肥主要原料来自大气,其他化肥原料主要是矿产。氮肥生产与生物固氮机理相似,通过高温高压及催化剂,将大气中的惰性氮气变成作物可以利用的活性氮(铵盐、硝酸盐)。在一个10公顷[①]土地上建立的合成氨厂每天可以生产3 000吨纯氮,一年能够满足千万亩[②]农田维持亩产400~500千克的产量,比传统生物固氮效率提高约100万倍。化肥让农田从培肥—生产的长周期转变为连续生产的短周期,极大地提高了农田产出效率。

(2)化肥养分浓度高、肥力大,降低了劳动强度。化肥中

[①] 1公顷=15亩。
[②] 1亩≈667m²。

养分含量一般超过 40%，是传统有机肥的 10 倍以上。传统农业收集、堆沤、运输、施用有机肥需要许多人花费几个月的时间。化肥将农户从繁重的肥料收集、堆沤等劳动中解放了出来，极大地提高了农民的劳动生产效率。

（3）化肥肥效快，利于作物及时吸收。化肥中的养分主要是无机态的，不需要经过微生物转化分解，施入土壤后会迅速被作物根系吸收。例如，化学氮肥施入土壤后一般 3~15 天就会完全释放，在植物生长旺盛阶段可以迅速满足作物需要。化肥还可以通过灌溉，甚至可以通过叶面喷施的方式施用，极大地提高了作物的养分吸收效率。

（4）化肥本身是无害的。化肥中养分含量高、杂质低。例如，尿素中含有 46% 的氮素，氮是作物所需要的营养元素，其余成分主要是 CO_2，施用到土壤中后会再次释放回到大气中，是无害的。其他的磷肥、钾肥以及中微量元素都是从矿物中提取出来的，基本成分也都是无害的。

（二）化肥是吃饱、吃好、吃得健康的重要物质保障

联合国粮农组织（FAO）统计，20 世纪 60—80 年代，发展中国家通过施肥提高粮食作物单产 55%~57%，而化肥对于我国来说，意义更加重大。

（1）我国粮食产量的一半来自化肥。中华人民共和国成立前，我国一直采用传统农业生产方式，即利用作物秸秆、人畜粪尿、绿肥等方式培肥地力，粮食产量长期处于较低水平。中华人民共和国成立后至今的近 70 年间，我国小麦平均单产达到 300~400 千克，高产地区达到 750 千克。其中，化肥的施用发挥了关键作用。科学家研究证明，不施化肥和施用化肥的作物单产相差 55%~65%。

（2）化肥显著提高了国人的营养水平。近年来，我国人均蔬菜水果供应量持续增长，在丰富食谱的同时，也提高了居民

营养水平。水果和蔬菜增产主要是通过现代化的生产方式（大棚、灌溉、化肥、农药）提高了产出。肉制品、奶制品的增长主要来自饲料供应的增加，而饲料生产也依赖化肥的施用。化肥极大地丰富了农业生产系统中的养分供应，为生产更多人类所需的蛋白、能量、矿物质提供了物质基础。

（3）化肥提高了土壤肥力。耕地质量是粮食安全的基本保障。传统农业中耕地养分含量主要由成土矿物决定，绝大部分土壤出现了不同程度的养分缺乏。例如，我国土壤有效磷含量相对较低，通过施用磷肥，近30年来我国耕地土壤中有效磷平均含量上升到23毫克/千克。化肥施用还可以增加农作物生物量，提高地表覆盖度，减少水土流失，可以储存人类活动产生的温室气体，减轻工业化带来的负面影响。此外，通过施用化肥提高作物单产，为城市建设、交通、工业和商业发展提供了广阔的土地空间。

二、我国化肥施用现状和存在的问题

（一）我国化肥施用现状

我国是化肥生产和使用大国。专家分析，我国耕地基础地力偏低，化肥施用对粮食增产的贡献较大，大约在40%以上。当前，我国化肥施用存在四个方面问题：一是亩均施用量偏高。我国农作物亩均化肥用量21.9千克，远高于世界平均水平（每亩8千克），是美国的2.6倍、欧盟的2.5倍。二是施肥不均衡现象突出。东部经济发达地区、长江下游地区和城市郊区施肥量偏高，蔬菜、果树等附加值较高的经济园艺作物过量施肥比较普遍。三是有机肥资源利用率低。目前，我国有机肥资源总养分7 000多万吨，实际利用不足40%。其中，畜禽粪便养分还田率为50%左右，农作物秸秆养分还田率为35%左右。四是施肥结构不平衡。重化肥、轻有机肥，重大量元素肥料、轻中微量元素肥料，重氮肥、轻磷钾肥，"三重三轻"问题突出。传统人工施肥方式仍然占主导地位，化肥撒施、表施现象比较普遍，机械施肥仅占主要农作物种植面积的30%左右。

（二）我国化肥施用面临的形势

化肥施用不合理问题与我国粮食增产压力大、耕地基础地力低、耕地利用强度高、农户生产规模小等相关，也与肥料生产经营脱离农业需求、肥料品种结构不合理、施肥技术落后、肥料管理制度不健全等相关。过量施肥、盲目施肥不仅增加农业生产成本、浪费资源，也造成耕地板结、土壤酸化。实施化肥使用量零增长行动，是推进农业"转方式、调结构"的重大措施，也是促进节本增效、节能减排的现实需要，对保障国家粮食安全、农产品质量安全和农业生态安全具有十分重要的意义。

三、正确认识化肥利用中的有关问题

现在，化肥施用带来了一些问题，但大家对此存在很多误解，导致一些负面影响被过分放大。其实，把化肥比作食品大家就好理解。不合理饮食、营养过剩带来的高血压、高血脂、高血糖等一系列健康问题，不是食物本身的问题，而是人的问题，或是因为知识不全面，或是因为条件所限，或是因为执行能力差。和饮食一样，化肥施用过量、养分搭配不合理、施用方式粗放等错误方式也会产生负面影响，但需要科学分析、正确认识、理性对待。

（一）化肥施用与面源污染的关系

目前水体污染已比较突出，但水体污染物有三大来源：农业面源污染物排放、工业企业及农村和城镇居民污水排放、与化石能源排放有关的大气污染物的沉降。

(二) 化肥施用与大气污染的关系

大气污染，尤其是雾霾已经对我们的生活产生了极大影响。一般而言，农业生产中施用的氮肥，如尿素、碳酸氢铵和磷酸二铵等铵态氮肥等进入土壤后若没有被作物吸收利用，部分氮素将以氨气和氮氧化物等活性氮形式排放到大气中，引起大气污染。如果采取深施覆土、分次施用、选用合理产品，这些损失是很小的。研究表明，目前氮肥对我国氮氧化物总排放的贡献约5%。随着施肥方式的转变，这一比例还将逐步降低。

(三) 化肥施用与土壤质量的关系

近年来我国土壤健康问题引起了广泛的关注，农户直观感觉土壤板结了、污染了，就简单归结为化肥的作用。其实，土壤板结主要是大水漫灌、淹灌以及不合理耕作等造成的。合理使用化肥，尤其是与有机肥配施可以改善土壤结构。另外，化肥对土壤重金属污染的影响很小，化肥中仅磷酸铵会带入一定量的重金属，我国磷矿含镉量很低，按照目前施肥量（50千克/亩，按平均含镉量10毫克/千克计），每年带入土壤的镉仅为0.5克/亩，而工矿业开采和污水灌溉带入的镉数量远高于肥料。

(四) 化肥施用与农产品品质的关系

农产品外观、营养及内含物成分、储藏性状与化肥施用有直接关系。老百姓常说"用了化肥瓜不香了、果不甜了"，是化肥施用不合理的结果。部分果农盲目追求大果和超高产，大量投入氮肥，忽视其他元素配合，导致果实很大、水分很多，而可溶性固形物、糖度跟不上，降低了风味。实际上，作物品质与养分吸收比例有关，化肥养分结构合理、施用方法得当，所生产的健康成长的瓜果，就会果更香，瓜更甜。

第二节　新型肥料科学施用技术

新型肥料有别于传统的、常规的肥料，表现在功能拓展或功效提高、肥料形态更新、新型材料的应用、肥料运用方式的转变或更新等方面，能够直接或间接地为作物提供必需的营养成分；调节土壤酸碱度、改良土壤结构、改善土壤理化性质、生物化学性质；调节或改善作物的生长机制；改善肥料品质和性质或提高肥料的利用率。赵秉强等将新型肥料类型归纳为：缓/控释肥料、稳定性肥料、水溶性肥料、功能性肥料、商品化有机肥料、微生物肥料、增值尿素和有机无机复混肥料8个类型。

一、缓/控释肥料科学施用技术

缓/控释肥料是具有延缓养分释放性能的一类肥料的总称，在概念上可进一步分为缓释肥料和控释肥料，通常是指通过某种技术手段将肥料养分速效性与缓效性相结合，其养分的释放模式（释放时间和释放率）是以实现或更接近作物的养分需求规律为目的，具有较高养分利用率的肥料。

（一）缓/控释肥料的类型

主要有：聚合物包膜肥料、硫包衣肥料、包裹型肥料等。

（1）聚合物包膜肥料。聚合物包膜肥料是指肥料颗粒表面包裹了高分子膜层肥料。通常有两种制备工艺方法：一是喷雾相转化工艺，即将高分子材料制备成包膜剂后，用喷嘴涂布到肥料颗粒表面形成包裹层的工艺方法；二是反应成膜工艺，即将反应单体直接涂布到肥料颗粒表面，直接反应形成高分子聚合物膜层的工艺方法。

（2）硫包衣肥料。硫包衣肥料是指在传统肥料颗粒外表面包裹一层或多层阻滞肥料养分扩散的膜,来减缓或控制肥料养分的溶出速率。硫包衣尿素是最早产业化应用的硫包衣肥料。硫包衣尿素是使用硫黄为主要包裹材料对颗粒尿素进行包裹,实现对氮素缓慢释放的缓/控释肥料,一般含氮30%~40%、含硫10%~30%。

（3）包裹型肥料。包裹型肥料是一种或多种植物营养物质包裹另一种植物营养物质而形成的植物营养复合体,为区别聚合物包膜肥料,包裹型肥料特指以无机材料为包裹层的缓释肥料产品,包裹层的物料所占比例达50%以上。包裹肥料的化工行业标准 HG/T 4217—2011《无机包裹型复混肥料（复合肥料）》已颁布实施。

（二）缓/控释肥料的特点

缓/控释肥料最大的特点是能使养分释放与作物吸收同步,简化施肥技术,实现一次施肥能满足作物整个生长期的需要,减少肥料损失,提高肥料利用率。

（1）缓/控释肥料的优点。

①缓/控释肥料相对于速效化肥具有以下优点:在水中的溶解度小,养分元素在土壤中释放缓慢,减少了营养元素的损失;肥效长期、稳定,养分源源不断地供给作物,满足整个生长期对养分的需求;由于缓/控释肥料养分释放缓慢,一次大量施用不会导致土壤盐分过高而"烧苗";减少了肥料施用的数量和次数,节约成本。

②缓/控释肥料是农业部重点推广的肥料之一,是农业增产的"第三次革命"。相对于常规肥料具有以下特点:肥料利用率高,可达50%以上;养分释放平稳有规律,增产效果明显,增产率可达10%以上;大多数作物可实现一季只施一次肥,省时省力减少浪费;包膜材料采用多硫化合物,可以杀菌驱虫;长期使用可以改善土壤性状,蓄水保墒、通气保肥。

(2) 缓/控释肥料的缺点。

①由于所用包膜材料或生产工艺复杂，致使缓/控释肥料价格为常规肥料的2~5倍，似乎只能用于经济价值高的花卉、蔬菜、草坪等生产中。

②多数包膜材料会在土壤中残留，可能造成二次污染。

(三) 缓/控释肥料的施用

(1) 肥料种类的选择。目前缓/控释肥料根据不同控释时期和不同养分含量分为多个种类，不同控释时期主要对应于作物生育期长短，不同养分含量主要对应于不同作物的需肥量，因此，施肥过程中一定要针对性地选择施用。

(2) 施用时期。缓/控释肥料一定要作基肥或前期追肥，即在作物播种或移栽前、作物幼苗生长期施用。

(3) 施用量。建议单位面积缓/控释肥料的施用量按照往年作物施用量的80%进行施用。需要注意的是，应根据不同目标产量和土壤条件相应地适当增减，同时还要注意氮、磷、钾适当配合和后期是否有脱肥现象发生。

(4) 施用方法。施用缓/控释肥料要做到种肥隔离，沟(条)施覆土。种子与肥料的间隔距离：农作物、蔬菜一般在7~10厘米，果树一般在15~20厘米。施入深度：农作物、蔬菜一般在10厘米，果树一般在30~50厘米。

二、尿素改性类肥料科学施用技术

尿素是一种高浓度氮肥，属于中性肥料，可用于生产多种复合肥料。目前我国尿素颗粒度占95%以上的是0.8~2.5毫米小颗粒，有强度低、易结块和破碎粉化等缺点；同时小颗粒尿素无法进一步加工成掺混肥料、包裹肥料、缓释或长效肥料等。而生产大颗粒尿素，势必要大幅度增加造粒塔高度和塔径，投入增加很大，也不现实。因此，需要对尿素进行改性，形成多种尿素改性类肥料，以提高肥料资源利用率。

（一）尿素改性类肥料类型

对传统肥料进行再加工，使其营养功能得到提高或使之具有新的特性和功能，是尿素一类改性肥料的重要内容。对传统化学肥料（如尿素）进行增效改性的主要技术途径有3类：

（1）缓释法增效改性。通过发展缓释肥料，调控肥料养分在土壤中的释放过程，最大限度地使土壤的供肥性与作物需肥规律一致，从而提高肥料利用率。缓释法增效改性的肥料产品通常称作缓释肥料，一般包括包膜缓释和合成微溶态缓释，包膜缓释主要有硫包衣和树脂包衣，合成微溶态缓释主要有脲甲醛类型。

（2）稳定法增效改性。通过添加脲酶抑制剂或/和硝化抑制剂，以降低土壤脲酶和硝化细菌活性，减缓尿素在土壤中的转化速度，从而减少挥发、淋洗等损失，提高氮肥利用率。

（3）增效剂法增效改性。指在肥料生产过程中加入海藻酸类、腐殖酸类、氨基酸类等天然活性物质所生产的肥料改性增效产品。海藻酸类、腐殖酸类、氨基酸类等增效剂都是天然物质或是植物源的，可以提高肥料利用率，且环保安全。通过向肥料中添加生物活性物质类肥料增效剂所生产的改性增效产品，通常称为增值肥料。近几年，海藻酸尿素、锌腐酸尿素、超氧化物歧化酶增强尿素（SOD尿素）、聚能网尿素等增值尿素发展速度很快，年产量超过300万吨，累积推广面积1.5亿亩，增产粮食45亿千克，减少尿素损失超过60万吨。

改性尿素具有广阔的应用推广前景，其社会效益和经济效益十分明显。在社会效益上，使用1吨用于尿素改性的添加剂，所生产的改性尿素可减少施用尿素约100吨，减少约30吨二氧化碳排放；减少了尿素施用量，可大幅降低叶菜类硝酸盐和亚硝酸盐含量，改善作物营养品质。在经济效益上，可减少尿素施用量的40%~50%，减少运输、撒施、人工等费用；一般可增产10%以上；产品质量和卖相好，提高了商品销售率。

（二）脲醛类肥料科学施用

脲醛类肥料是由尿素和醛类在一定条件下反应制成的有机微溶性缓释性氮肥。

（1）脲醛类肥料种类和标准。目前主要有脲甲醛、异丁叉二脲、丁烯叉二脲、脲醛缓释复合肥等，其中最具代表性的产品是脲甲醛。脲甲醛不是单一化合物，是由链长与分子量不同的甲基尿素混合而成的，主要有未反应的少量尿素、羟甲基脲、亚甲基二脲、二亚甲基三脲、三亚甲基四脲、四亚甲基五脲、五亚甲基六脲等缩合物所组成的混合物，其全氮（N）含量大约为38%。有固体粉状、片状或粒状，也可以是液体形态。脲甲醛肥料的各成分标准为：总氮（TN）≥36.0%、尿素氮（UN）≤5.0%、冷水不溶性氮（CWIN）≥14.0%、热水不溶性氮（HWIN）≤16.0%、缓效有机氮≥8.0%、活性指数≥40.0%、水分≤3.0%。

脲醛缓释复合肥是以脲醛树脂为核心原料的新型复合肥料。该肥料在不同温度下分解速度不同，满足作物不同生长期的养分需求，养分利用率高达50%以上，肥效是同含量普通复合肥的1.6倍以上；该肥料无外包膜、无残留，养分释放完全，减轻养分流失和对土壤水源的污染。

（2）脲醛类肥料的特点。脲醛类肥料的特点主要表现在：一是可控。根据作物的需肥规律，通过调节添加剂多少的方式可以任意设计并生产不同释放期的缓释肥料。二是高效。养分可根据作物的需求释放，需求多少释放多少，大大减少养分的损失，提高肥料的利用率。三是环保。养分向环境散失少，同时包壳可完全生物降解，对环境友好。四是安全。较低盐分指数，不会烧苗、烧根。五是经济。可一次施用，整个生育期均发挥肥效，同时较常规施肥可减少用量，化肥减施、节约劳动力。

（3）脲醛肥料的选择和施用。脲醛类肥料只适合作基肥施用，除了草坪和园林外，如果在水稻、小麦、棉花等大田作物施用时，应适当配合速效水溶性氮肥。

（三）稳定性肥料的科学施用

稳定性肥料是指在生产过程中加入了脲酶抑制剂和（或）硝化抑制剂，施入土壤后能通过脲酶抑制剂抑制尿素的水解和（或）通过硝化抑制剂抑制铵态氮的硝化，使肥效期得到延长的一类含氮（含酰胺态氮/铵态氮）肥料，包括含氮的二元或三元肥料和单质氮肥。

（1）稳定性肥料的主要类型。包括含硝化抑制剂和脲酶抑制剂的缓释产品，如添加双氰胺、3,4-二甲基吡唑磷酸盐、正丁基硫代磷酰三胺、氢醌等抑制剂的稳定肥料。

（2）稳定性肥料的特点。稳定性肥料采用了尿素控释技术，可以使氮肥有效期延长到60~90天，有效时间长；稳定性肥料有效抑制了氮素的硝化作用，可以提高氮肥利用率10%~20%，40千克稳定性控释型尿素相当于50千克普通尿素。

（3）稳定性肥料的施用。可以作为基肥和追肥，施肥深度7~10厘米，种肥隔离7~10厘米。作基肥时将总施肥量折纯氮的50%施用稳定性肥料，另外50%施用普通尿素。

稳定性肥料施用时应注意：由于稳定性肥料速效性慢，持久性好，需要较普通肥料提前3~5天施用；稳定性肥料的肥效可持续60~100天，常见蔬菜、大田作物一季施用一次就可以，注意配合施用有机肥，才能达到理想效果；如果是作物生长前期，以长势为主的话，需要补充普通氮肥；各地的土壤墒情、气候、土壤质地不同，需要根据作物生长状况进行肥料补充。

(四) 增值尿素的科学施用

增值尿素是指在基本不改变尿素生产工艺基础上，增加简单设备，向尿素液体中直接添加生物活性类增效剂所生产的尿素增值产品。增效剂主要是指利用海藻酸、腐殖酸和氨基酸等天然物质经改性获得的、可以提高尿素利用率的物质。

（1）增值尿素的产品要求。增值尿素产品具有产能高、成本低、效果好的特点。增值尿素产品应符合以下原则：含氮（N）量不低于46%，符合尿素产品含氮量的国家标准；可建立添加增效剂的增值尿素质量标准，具有常规的可检测性；增效剂微量高效，添加量为0.05%~0.5%；工艺简单，成本低；增效剂为天然物质及其提取物或合成物，对环境、作物和人体无害。

（2）增值尿素的主要类型。

①木质素包膜尿素。木质素是一种含有许多负电基团的多环高分子有机物，对土壤中的高价金属离子有较强的亲和力。木质素比表面积大、质轻，作为载体与氮、磷、钾、微量元素混合，养分利用率可达80%以上，肥效可持续20周之久；无毒，能降解，能被微生物降解成腐殖酸，可以改善土壤理化性质，提高土壤通透性，防止耕地板结；在改善肥料的水溶性、降低土壤中脲酶活性以及减少有效成分被土壤组分固持、提高磷的活性等方面有明显效果。

②腐殖酸尿素。腐殖酸与尿素通过科学工艺进行有效复合，可以使尿素养分具有缓释性，并通过改变尿素在土壤中的转化过程和减少氮素的损失，改善养分的供应，从而提高氮肥利用率。如锌腐酸尿素，添加锌腐酸增效剂为每吨尿素10~50千克，颜色为棕色至黑色，腐殖酸含量≥0.15%，腐殖酸沉淀率≤40%，含氮量≥46%。

③海藻酸尿素。在尿素按常规工艺生产过程中，添加海藻

酸增效剂（含有海藻酸、吲哚乙酸、赤霉素、萘乙酸等）生产的增值尿素，可促进作物根系生长，提高根系活力，增强作物吸收养分能力；可抑制土壤脲酶活性，降低尿素分解生成的氨挥发损失；发酵海藻增效剂中的物质与尿素发生反应，通过氢键等作用力延缓尿素在土壤中的释放和转化过程；海藻酸尿素还可以起到抗旱、抗盐碱、耐寒、杀菌和提高产品品质等作用。海藻酸尿素中，添加海藻酸增效剂为每吨尿素 10~30 千克，颜色为浅黄色至浅棕色，海藻酸含量≥0.03%，含氮量≥46%，尿素残留差异率≥10%，氨挥发抑制率≥10%。

④禾谷素尿素。在尿素按常规工艺生产过程中，添加禾谷素增效剂（以天然谷氨酸为主要原料经聚合反应而生成的）生产的增值尿素，其中谷氨酸是植物体内多种氨基酸合成的前体，在作物生长过程中起着至关重要作用；谷氨酸在植物体内形成的谷氨酰胺，储存氮素并能消除因氨浓度过高产生的毒害作用。因此，禾谷素尿素可促进作物生长，改善氮素在作物体内的储存形态，降低氨对作物的危害，提高养分利用率，可补充土壤的微量元素。禾谷素尿素，添加禾谷素增效剂为每吨尿素 10~30 千克，颜色为白色至浅黄色，含氮量≥46%，谷氨酸含量≥0.08%，氨挥发抑制率≥10%。

⑤纳米尿素。在尿素按常规工艺生产过程中，添加纳米碳生产的增值尿素，纳米碳进入土壤后能溶于水，使土壤的 EC 值增加 30%，可直接形成 HCO_3^-，纳米碳可促进植物对氮、磷、钾等养分的吸收，并快速转化为生物能或淀粉粒，因此，纳米碳起到生物泵作用，增加作物根系吸收养分和水分的潜能。每吨纳米尿素成本增加 200~300 元，在高产条件下可使化肥减施 30%左右，每亩综合成本下降 20%~25%。

⑥多肽尿素。在尿素溶液中加入金属蛋白酶，经蒸发器浓缩造粒而成。酶是生物发育成长不可缺少的催化剂，因为生物

体进行新陈代谢的所有化学反应，几乎都是在生物催化剂酶的作用下完成的。多肽是涉及生物体内各种细胞功能的生物活性物质。肽键是氨基酸在蛋白质分子中的主要连接方式，肽键金属离子化合而成的金属蛋白酶具有很强的生物活性，表现在生物的识别、催化、调节等功能中，可激化化肥，促进化肥分子活跃。金属蛋白酶可以被植物直接吸收，因此可节省植物在转化微量元素中所需要的"体能"，大大促进植物生长发育。经试验，施用多肽尿素，作物一般可提前5~15天成熟（玉米提前5天左右，棉花提前7~10天，番茄提前10~15天），且可以提高化肥利用率和农作物品质等。

⑦微量元素增值尿素。指在熔融的尿素中添加2%的硼砂和硫酸铜的大颗粒尿素。试验表明，含有硼、铜的尿素可以减少尿素中氮损失，既能使尿素增效，又能使作物得到硼、铜等微量元素营养，提高产量。硼、铜等微量元素能使尿素增效的机理是：硼砂和硫酸铜有抑制脲酶的作用及抑制硝化和反硝化细菌的作用，从而提高尿素中氮的利用率。

（3）增值尿素的施用。理论上，增值尿素可以和普通尿素一样，应用在所有适合施用尿素的作物上，但是不同的增值尿素在施用时期、施用量、施用方法等有一定要求，施用时需注意以下事项。

①施用时期。木质素包膜尿素不能和普通尿素一样，只能作基肥一次性施用。其他增值尿素可以和普通尿素一样，既可以作基肥，也可以作追肥。

②施肥量。增值尿素可以提高氮肥利用率10%~20%，因此，施用量可比普通尿素减少10%~20%。

③施肥方法。增值尿素不能像普通尿素那样表面撒施，应当采取沟施、穴施等方法，并应适当配合有机肥、普通尿素、磷钾肥及中微量元素肥料施用。增值尿素也不适合作为叶面肥

施用，不适合作为冲施肥，也不适合在滴灌或喷灌的水肥一体化中施用。

三、水溶性肥料科学施用技术

水溶性肥料是指经水溶解或稀释，用于灌溉施肥、叶面施肥、无土栽培、浸种蘸根等用途的液体或固体肥料。养分含量多用 $N-P_2O_5-K_2O+TE$ 来表示，如 20-20-20+TE 表示这个水溶性肥料中含氮量为 20%、五氧化二磷为 20%、氧化钾为 20%，并含有微量元素。

（一）水溶性肥料的类型

水溶性肥料类型多种多样，广义上包括农标水溶肥料和部分传统的化学肥料。农标水溶肥料是指农业行业标准规定的水溶性肥料产品；传统的化学肥料具有水溶性特点的有硫酸铵、尿素、硝酸铵、磷酸铵、氯化钾、硫酸钾、硝酸钾、氯化铵、碳酸氢铵、磷酸二氢钾，可溶性的具有国家标准的单一微量元素肥料，以及其他配方的水溶性肥料产品和改变剂型的单质微量元素水溶肥料等。狭义上主要是指农标水溶肥料。

（二）水溶性肥料的特点

水溶性肥料的最大特点是完全溶解于水，是一种速效性肥料。

（1）全营养、全水溶、易吸收。与传统的肥料品种相比，水溶性肥料具有明显的优势。它是一种可以完全溶于水的多元复合肥料，能迅速地溶解于水中，容易被作物吸收，吸收利用率相对较高，关键是它可以应用于水肥一体化，应用于喷灌、滴灌等设施农业，达到省水省肥省工的效能。

（2）节水化肥减施、安全高效。其主要特点是使用方便，用量少，节水化肥减施，成本低，吸收快，营养成分利用率极高。由于水溶性肥料的施用方法是随水灌溉，所以使得施肥极为均匀，这也为提高产量和品质奠定了坚实的基础。人们可以根据作物生长所需要的营养需求特点来设计配方。科学的配方不会造成肥料的浪费，计算其肥料利用率差不多是常规复合化学肥料的 2~3 倍。

（3）速效可控、方便配方施肥。水溶性肥料是一个速效肥料，可以让种植者较快地看到肥料的效果和表现，并可以根据作物不同长势和生长期对肥料配方作出调整。

由于水溶性肥料配方灵活，能够满足现代施肥技术的"四适"的要求，即适土壤、适作物、适时、适量。根据土壤肥力水平、养分含量的多寡、作物不同生长时期需肥特性，及时补充作物缺少的养分，结合先进的灌水设施可以实现少量多次定量施肥，施肥方便，不受作物生育期的影响。

（4）施用便捷、省时省工。水溶性肥料的施用方法十分简便，它可以随着灌溉水包括喷灌、滴灌等方式进行灌溉时施肥，节水、化肥减施的同时还节约了劳动力，在劳动力成本日益高涨的今天，使用水溶性肥料的效益是显而易见的。

(三) 水溶性肥料的施用

水溶性肥料不但配方多样而且使用方法十分灵活。

（1）土壤浇灌。在土壤浇水或者灌溉的时候，将水溶性肥料先行混合在灌溉水中，这样可以让植物根部全面地接触到肥料，快速地通过根把化学营养元素运输到植株的各个组织中。

（2）叶面施肥或浸种。把水溶性肥料先行稀释溶解于水中进行叶面喷施，或者与非碱性农药一起溶于水中进行叶面喷施，通过叶面气孔进入植株内部。对于一些幼嫩的植物或者根系不太好的作物出现缺素症状时是一个最佳纠正缺素症的选择，极大地提高了肥料吸收利用效率。浸种时一般用水稀释 100 倍，浸种 6~8 小时，沥水晾干后即可播种。

叶面喷施应注意以下几点。

①喷施浓度。喷施浓度以既不伤害作物叶片，又可节省肥料、提高功效为目标。一般可参考肥料包装上推荐浓度。一般每亩喷施 40~50 千克溶液。

②喷施时期。喷施时期多数在苗期、花蕾期和生长盛期。溶液湿润叶面时间要求能维持 0.5~1 小时，一般选择傍晚无风时进行喷施较宜。

③喷施部位。应重点喷洒上中部叶片，尤其是多喷洒叶片背面。若为果树，则应重点喷洒新梢和上部叶片。

④添加助剂。为提高肥液在叶片上的黏附力，延长肥液湿润叶片时间，可在肥料溶液中加入助剂（如中性洗衣粉、肥皂粉等），提高肥料利用率。

⑤混合喷施。为提高喷施效果，可将多种水溶性肥料混合或肥料与农药混合喷施，但应注意营养元素之间的关系、肥料与农药之间是否会发生反应或有害。

（3）滴灌和无土栽培。在一些沙漠地区或者极度缺水的地方，人们往往用滴灌和无土栽培技术来节约灌溉水并提高劳动生产效率。这时植物所需要的营养可以通过水溶性肥料来获得，既节约了用水，又节省了劳动力。

四、功能性肥料科学施用技术

功能性肥料是指除了具有普通肥料供给植物营养和培肥土壤的功能以外的特殊功能的肥料。只有符合以下 4 个要素，才能把它称作为功能性肥料：第一，本身是能直接提供植物营养所必需的营养元素或者是培肥土壤；第二，必须具有一个特定的对象；第三，不能含有法律、法规不允许添加的物质成分；第四，不能以加强或是改善肥效为主要功能。

(一) 功能性肥料主要类型

功能性肥料是 21 世纪新型肥料的重要研究、发展方向之一，是将作物营养与其他限制作物高产的因素相结合的肥料，可以提高肥料利用率，提高单位肥料对农作物增产的效率。功能性肥料主要包括：高利用率肥料、改善水分利用率肥料、改善土壤结构的肥料、适应于优良品种特性的肥料、改善作物抗倒伏特性的肥料、具有防治杂草作用的肥料以及具有抗病虫害的功能肥料等。

（1）高利用率肥料。该功能性肥料是以提高肥料利用率为目的，在不增加肥料施用总量的基础上，提高肥料的利用率，减少肥料的流失，降低环境污染，增加产量。如底施功能性肥料，在底施（基施、冲施）肥料中添加植物生长调节剂，如复硝酚钠、胺鲜酯（DA-6）、α-萘乙酸钠、芸薹素内酯、缩节胺等，可以提高植物对肥料的吸收和利用，提高肥料的利用率，提高肥料的速效性和高效性；叶面喷施功能性肥料有缓/控释肥料，如微胶囊叶面肥料、高展着润湿肥料，均可以提高肥料的利用率。

（2）改善水分利用率肥料。即以提高水分利用率解决一些地区干旱问题的肥料。随着保水剂研究的不断发展，人们开始关注保水型功能肥料。如华南农业大学率先开展了保水型控释肥料的研究，利用高吸水树脂与肥料混合施用，制成保水型肥料，并在我国西部、北部开展试验，取得了良好的效果。

（3）改善土壤结构的肥料。粮食生产的任务加大和化学肥料的不合理使用，导致土壤结构严重破坏，有机质不断下降，严重影响土壤的再生能力。为此，在最近 10 年，土壤结构改良、保护土壤结构成为我国农业可持续发展的一项重大课题。随之产生了改善土壤结构的功能性肥料。如在肥料中增加表面活性物质，使土壤变得松散透气，增加微生物群也属于功能肥料的一个类型，如最近两年市场上流行的"免耕"肥料就是其中一例。

(4) 适应优良品种特性的肥料。优良品种的使用提高了农产品的质量和产量，但也存在一些问题，需要有与之配套的专用肥料和相关的农业技术。如转基因抗虫棉在我国已大面积推广应用，但抗虫棉苗期的根系欠发达、抗病能力差，导致育苗困难。有关单位研究出了针对抗虫棉的苗期肥料，进行苗床施用和苗期喷施，收到很好的效果。

(5) 改善作物抗倒伏特性的肥料。小麦、水稻、棉花等多种农作物产量在不断提高，但其秸秆的承重能力是有限的，控制它们的生长高度，提高载重能力，减少倒伏已经成为肥料施用技术的一个关键所在。如小麦、水稻生产上用多效唑、缩节胺与肥料混用，大豆生产上用DA-6、缩节胺与肥料混用，玉米生产上用乙烯利、DA-6与肥料混用等均收到理想的效果，有效地控制了株高，防止倒伏，使作物稳产、高产、优产。

(6) 防除杂草的肥料。在芽前除草和叶面喷施除草时，与肥料混合施用，可以提高肥料利用率，减少杂草对肥料的争夺，且减少劳动付出，提高劳动生产率，因此，它必将成为肥料发展的一个重要品种。

(7) 抗病虫害功能肥料。指将肥料与杀菌剂、杀虫剂或多功能物质相结合，通过特定工艺而生产的新型多功能肥料。如含有营养功能的种衣剂、浸种剂，防治根线虫和地下害虫的药肥，防治枯黄萎病的药肥等已经广泛应用。

(二) 保水型功能肥料的科学施用

保水型功能肥料是将保水剂与肥料复合，集保水与供肥于一身，提高水分利用率。

(1) 保水型功能肥料的类型。从保水剂与肥料复合工艺可分为4种类型：一是物理吸附型。将保水剂加入肥料溶液中，让其吸收溶液形成水溶胶或水凝胶,或者将其混合液烘干成干凝胶,如在保水剂中加入腐殖酸肥料。二是包膜型。保水剂具有"以水控肥"的功能,因此可作为控释材料用于包膜控释肥的生产,如利用高吸水性树脂与大颗粒尿素为原料生产包膜尿素。三是混合造粒型保水肥。通过挤压、圆盘及转鼓等各式造粒机将一定比例保水剂和肥料混合制成颗粒,即可制成各种保水长效复合肥。四是构型保水肥。这类肥料多为片状、碗状、盘状产品,因其构型而具有托水力,与保水材料原有的吸水力共同作用,使其保水力更大,保水保肥效果更明显。

(2)保水型功能肥料的施用。保水型功能肥料主要作基肥施用,逐渐向追肥方向发展。施用方式主要有撒施、沟施、穴施、喷施等。一般固体型多撒施、沟施、穴施,液体型多喷施,也可以与滴灌、喷灌相结合施用,但应注意选用交联度低、流动性好的保水材料,稀释为溶液,或与肥料一起制成稀液施用。

(三) 药肥的科学施用

药肥是将农药和肥料按一定的比例配方相混合,并通过一定的工艺技术将肥料和农药稳定于特定的复合体系中而形成的新型生态复合肥料,一般以肥料作为农药的载体。

(1)药肥的特点。药肥是具有杀/抑农作物病虫害或调节作物生长的一种或一种以上的功能,且能为农作物提供营养或同时具有提供营养和提高肥料及农药利用率的功能性肥料。具有"平衡施肥,营养齐全;广谱高效,一次搞定;前控后促,增强抗逆性;肥药结合,互作增效;操作简便,使用安全;省工节本,增产增收;以肥代药,安全环保;储运方便,低碳节能;多方受益,利国利民"九大优点。它将农业中使用的农药与肥料两种最重要的农用化学品统一起来,将农药的植物保护和肥料的养分供给两个田间操作合二为一,节省劳力、降低生产成本。当农药和肥料均处于最佳施用期时,能提高药效和肥效。世界一些发达国家已将农药与肥料合剂推向市场,被第二次国际化肥会议认为现代最有希望的药肥合剂(KAC)就含有除草剂、微量元素和植物生长调节剂。国外的药肥合剂制造已发展成为一个庞大的肥料工业分支,国内药肥工业尚不完善,存在很大的差距。

(2)药肥的科学施用。药肥可以作为基肥、追肥、叶面喷施等。

①基肥。药肥可与作基肥的固体肥料混在一起撒施,然后耙混于土壤中。对于含有除草剂多的药肥,深施会降低其药效,一般应施于3~5厘米的土层。

②种子处理。具有杀菌剂功能的药肥可以处理种子,处理种子的方法有拌种和浸种。

③追肥。药肥可以在作物生长期作为追肥应用。在旱地施用时注意土壤湿度,结合灌溉或下雨施用。

④叶面喷施。常和农药(特别是植物生长调节剂)混用的水溶性肥料,可通过叶面喷施方法进行施用。

(四)改善土壤结构的肥料科学施用

改善土壤结构的肥料主要是含有肥料功能的土壤改良剂,如有机肥料、生物有机肥料等。这里主要以微生物松土剂为例。微生物松土剂产品可分为乳液、粉剂两大类,乳液为乳白色液体,粉剂为白色粉末。它含有腐殖酸、团粒结构黏结剂、微生物以及生物活性物质。

(1)微生物松土剂应用范围。微生物松土剂适用于各种土壤,特别是果树园地效果明显。

(2)微生物松土剂施用。根据土壤板结的程度不同,用量为5~10千克/亩。施用方法主要有:一是拌种。将种子放入清水内浸湿后捞出控干,随后将微生物松土剂直接扬撒在种子上,混拌均匀,阴干后播种;种子应先拌种衣剂,后拌微生物松土剂。二是拌土。播种时,将微生物松土剂均匀撒在土壤表面。三是拌肥。做种肥或底肥时,可将微生物松土剂与化肥或有机肥拌在一起,随肥料一起施入。

第三章 粮食作物化肥减量增效技术

第一节 水稻减量增效施肥技术

一、水稻需肥量和需肥规律

（一）水稻需肥量

在高产条件下，每生产100千克稻谷需吸收氮2.1~2.4千克、磷0.9~1.3千克、钾2.1~3.3千克。一般情况，常规稻的吸氮量高于杂交稻，而杂交稻的吸钾量则高于常规稻，吸磷量则基本相同。与小麦、玉米等禾谷类作物相比，水稻需氮量偏低，而对磷、钾的需求量与小麦、玉米基本相当，但由于水稻单产较高，因此，总需肥量仍高于小麦。水稻还是需硅量较大的作物，其体内的含硅量通常占总干物重的11%~20%，因此，生产上应重视硅肥在水稻的应用。

（二）水稻需肥规律

水稻全生育期可分为营养生长期和生殖生长期两大阶段，每个阶段又包含若干生育期，在不同的生育期对养分的需求量均不相同，表3-1列出了水稻不同生育期的养分吸收情况。

表3-1 水稻不同生育期吸收养分的特点

生育期	占全生育期吸收养分总量的比例（%）		
	氮	磷	钾
秧苗期	0.5	0.26	0.40

(续表)

生育期	占全生育期吸收养分总量的比例（%）		
	氮	磷	钾
分蘖期	23.16	10.58	16.95
拔节期	51.40	58.03	59.74
抽穗期	12.31	19.66	16.92
成熟期	12.63	11.47	5.99

从表3-1可以看出，水稻对氮、磷、钾的最大吸收量都在拔节期，均占全生育期养分总吸收量的50%以上，表明拔节期是养分对水稻的最大效率期，截至拔节期，水稻吸收的氮、磷、钾已分别占全生育期总吸收量的75%、69%和77%。可以认为，在营养生长期，伴随着个体的不断增长，水稻不断进行着养分的吸收和积累，为生殖生长做物质储备。而生殖生长期对养分的吸收在提高千粒重进而增产方面有重要作用。

二、水稻应如何施肥

在总结水稻施肥经验的基础上，可将其归纳如下。

（1）"前促"施肥法。其特点是重施基肥，早施分蘖肥，也有集中在基肥一次全层施用的。这种模式适用于双季早晚稻和单季稻中的早熟品种。以"增穗"为实现目标产量的主要途径。方法是基肥占总施肥量的70%~80%，其余肥料在移栽返青期后全部施下。

（2）"前促、中控、后补"施肥法。其特点是施足基肥，早施分蘖肥、中期控氮、后期补施粒肥。这种方式在当前生产实践中应用广泛，特别适合于一季中稻，以提高穗粒数和增加粒重为实现目标产量的主要途径。

（3）"前稳、中促、后保"施肥法。其特点是施足基肥、重施穗肥、后施粒肥，适用于生长期较长的水稻品种和土壤保肥力较差的田块。以大穗、粒重为实现目标产量的主要途径。

一般水稻单产500千克/亩的情况下，每亩施用氮肥15千克以上，具体施肥量随着土壤肥力、水稻品种、栽培方法而不同，同时要求注意氮、磷、钾肥的配合施用。

三、水稻大田期追肥的注意事项

分蘖期追肥：目的是增加穗数，方法是在施足基肥的基础上早施分蘖肥，一般在移栽后5~10天（田水清后）之内施用；以促进分蘖、提高成穗率、增加有效穗。施肥的数量看稻田肥力水平、底肥情况、栽培密度而定，如果稻田肥力水平高、底肥情况足、栽培密度大的情况下，要防止群体发展过快、封行过早，不宜多施用分蘖肥，应适当增加穗肥提高成穗率。

幼穗发育期追肥：又叫穗肥，其目的是巩固有效分蘖、促进穗粒数增加。穗肥又分为两种，促花肥与保花肥；一般以保花肥为主，即在幼穗有1.5厘米长时追施保花肥，一般用量为尿素5千克/亩左右，具体用量还要看苗、看天而定，一般苗不褪色不施、天气多雨不施。促花肥则在穗轴分化期至颖花分化期施用，目的是增加每穗颖花数。穗肥还有增加最后三片叶的含氮量的作用，防止叶片和根系早衰。

粒肥：目的是延长叶片功能期，提高光合强度，增加粒重，减少空瘪粒。方法为齐穗期追施氮肥（每亩3千克左右的尿素，具体用量看叶片的颜色）或叶面喷施氮或氮磷钾混合液。

水稻除了进行土壤施肥外，叶面喷肥也有一定效果，是补充水稻后期营养的有效措施。根据试验结果，在水稻拔节初期，用尿素进行根外追肥，稻粒和稻草都能增产。

四、水稻缺磷、缺钾或缺锌造成"僵苗"的区别

磷是构成细胞原生质中细胞核的主要成分,对细胞分裂、幼苗生长、根系发育均有重要影响。水稻缺磷时引起的僵苗症状是新叶暗绿色,老叶灰紫,叶直立,鞘长叶短,严重时叶片卷曲。根系细弱软绵、弹性差、分根少、夹紧不分开,如土壤中产生硫化氢时,则根系发黑。水稻缺磷时出现僵苗的原因:一是土壤中缺乏有效磷;二是土壤中有效磷虽不缺乏,但因水、土温度低,或土壤中产生还原性有害物质对稻根产生毒害,造成吸磷少的生理缺磷现象。

水稻因缺钾引起的"僵苗"又叫赤枯病,返青后便可以发生,一般在移栽后20~30天达到发病高峰。僵苗的症状是病苗生长停滞,植株矮小,分蘖少,叶深绿,叶片由下而上,由叶尖向叶基部逐渐出现黄褐色至赤褐色斑点,并连成条斑,严重时叶片自下而上枯死,甚至连叶鞘、茎秆上也有病斑,远看一片焦赤。在土壤长期淹水且还原性很强的稻田,根系老化腐朽,细根容易脱落,新根少,呈黄褐至暗赤褐色,最后变成黑色,甚至腐烂。水稻缺钾引起的病害,多数由于稻根受冷害,或土壤中有毒物质的毒害,使水稻吸收能力降低,特别是吸钾量少而诱发的"生理性赤枯病"。在沙土及漏水田,有效钾含量低,容易淋失,也会引起缺钾。在有机肥少,大量偏施氮肥情况下,也会因营养平衡失调,引起水稻缺钾,造成僵苗。

由于缺锌引起的水稻僵苗,农民群众称为"红苗"或"缩苗",通常在插秧后20天左右发病严重。先为老叶的叶尖干枯,叶片自下而上沿中脉两侧发生黄赤色或赤褐色不规则锈斑,进而向叶片两端扩大连片。新叶小,出叶慢,叶鞘短,植株矮缩。严重时除新叶外整株枯赤焦干,甚至连叶鞘茎秆上也有锈斑。发根少或不发新根,根系黄白色,当土壤中含有毒物质时,根系也会

变黑。土壤缺锌的原因是中性至碱性的土壤有效锌缺乏,特别是在淹水条件下更为严重。

因此,在石灰性土壤上种水稻,容易出现缺锌症状。土壤连年大量施用磷肥,使土壤锌的有效性下降,诱发缺锌。插秧后低温条件下,锌的有效性低,根系吸收力弱。也会引起缺锌。根据水稻缺磷、缺钾、缺锌症状,采取相应的补磷、补钾、补锌措施,可以有效地改善水稻出现的"僵苗"症状。

第二节 玉米减量增效施肥技术

一、玉米生产中存在的问题与施肥原则

玉米生产存在如下主要施肥问题。

(1) 氮肥一次性施肥面积较大,在一些地区易造成前期烧种烧苗和后期脱肥。

(2) 有机肥施用量较少。

(3) 种植密度较低,保苗株数不够,影响肥料应用效果。

(4) 土壤耕层过浅,影响根系发育,易受旱易倒伏。

根据上述问题,提出以下施肥原则:

(1) 氮肥分次施用,适当降低基肥用量、充分利用磷、钾肥后效。

(2) 土壤pH值高、高产地块和缺锌的土壤注意施用锌肥。

(3) 增加有机肥用量,加大秸秆还田力度。

(4) 推广应用高产耐密品种,适当增加玉米种植密度,提高玉米产量,充分发挥肥料效果。

(5) 深松整地打破犁底层,促进根系发育,提高水肥利用效率。

二、施肥建议

（一）产量水平400千克/亩以下

玉米产量400千克/亩以下地块，氮肥用量推荐为6~8千克/亩，磷肥用量4~5千克/亩，土壤速效钾含量<100毫克/千克时，适当补施钾肥1~2千克/亩。每亩施农家肥700千克以上。

（二）产量水平400~500千克/亩

玉米产量400~500千克/亩以下地块，氮肥用量推荐为8~10千克/亩，磷肥用量5~6千克/亩，土壤速效钾含量<100毫克/千克时，适当补施钾肥1~2千克/亩。每亩施农家肥700千克以上。

（三）产量水平500~650千克/亩

玉米产量在500~650千克/亩的地块，氮肥用量推荐为8~10千克/亩，磷肥6~9千克/亩，土壤速效钾含量<120毫克/千克时，适当补施钾肥2~3千克/亩。每亩施农家肥1 000千克以上。

（四）产量水平650~750千克/亩

玉米产量在650~750千克/亩的地块，氮肥用量推荐为10~14千克/亩，磷肥9~11千克/亩，土壤速效钾含量<150毫克/千克时，适当补施钾肥3~4千克/亩。每亩施农家肥2 000千克以上。

（五）产量水平750千克/亩以上

玉米产量在750千克/亩以上的地块，氮肥用量推荐为14~15千克/亩，磷肥11~12千克/亩，土壤速效钾含量<150毫克/千克时，适当补施钾肥3~4千克/亩。每亩施农家肥2 000千克

以上。

三、施肥方法

作物秸秆还田地块要增加氮肥用量10%~15%，以协调碳氮比，促进秸秆腐解。要大力推广玉米施锌技术，每千克种子拌硫酸锌4~6克，或每亩底施硫酸锌1.5~2千克。同时，要采用科学的施肥方法。一是大力提倡化肥深施，坚决杜绝肥料撒施。基肥、追肥施肥深度要分别达到15~20厘米、5~10厘米。二是施足底肥，合理追肥。一般有机肥、磷肥、钾肥及中微量元素肥料均作底肥，氮肥则分期施用。玉米田施氮肥时，60%~70%作底施、30%~40%追施。

第三节　谷子减量增效施肥技术

一、谷子生产中存在的问题与施肥原则

针对春播谷子生产中普遍存在的化肥用量不平衡，肥料增产效率下降，有机肥用量不足，微量元素硼缺乏时有发生等问题，提出以下施肥原则：

（1）依据田间土壤肥力，适当增减氮、磷化肥用量。

（2）增施有机肥，提倡有机无机肥料相结合。

（3）将大部分氮肥、全部磷肥和有机肥，结合秋季深耕进行底施。

（4）依据土壤钾素和硼素的丰缺状况，注意钾肥、硼肥的施用。

（5）氮肥的施用坚持"前重后轻""基肥为主，追肥为辅"的原则。

（6）肥料施用应与高产优质栽培技术相结合。

二、施肥建议

（一）产量水平350千克/亩以下

亩产350千克以下地块的施肥量应为每亩施氮6~8千克、磷5~6千克，土壤速效钾含量<120毫克/千克时，适当补施钾肥1~2千克/亩。每亩施农家肥1 000千克以上。

（二）产量水平350~450千克/亩

亩产350~450千克的地块，每亩施氮7~9千克、磷6~8千克，土壤速效钾含量<120毫克/千克时，适当补施钾肥1~2千克/亩。每亩施农家肥1 000千克以上。

（三）产量水平450~600千克/亩

亩产450~600千克的地块，每亩施氮9~11千克、磷8~9千克，土壤速效钾含量<120毫克/千克时，适当补施钾肥2~3千克/亩。每亩施农家肥1 000千克以上。

（四）产量水平600千克以上

亩产600千克以上的地块，每亩施氮11~14千克、磷9~10千克，土壤速效钾含量<120毫克/千克时，适当补施钾肥3~4千克/亩。每亩施农家肥1 000千克以上。

三、施肥方法

（1）基肥。基肥是谷子全生育期养分的源泉，是提高谷子产量的基础，因此谷子应重视基肥的施用，特别是旱地谷子，有机肥、磷肥和氮肥以作基肥为主。基肥应在播种前一次施入田间，春旱严重、气温回升迟且慢、保苗困难的区域最好在头年结合秋深耕施基肥，效果更好。

（2）种肥。谷子籽粒是禾谷类作物中最小的，胚乳储藏的养分较少，苗期根系弱，很容易在苗期出现营养缺乏症，特别是晋北地区谷子苗期，磷素营养更易因地温低、有效磷释放慢且少而影响谷子的正常生长，因此每亩用0.5~1.0千克磷和1.0千克氮作种肥，可以收到明显的增产效果。种肥最好先用耧施入或使用施肥播种机播种时施入。

（3）追肥。谷子的拔节孕穗期是养分需要较多的时期，条件适宜的地方可结合中耕培土用氮肥总量的20%~30%进行追肥。

第四节　小麦减量增效施肥技术

一、小麦后期喷施磷酸二氢钾可以增产

冬小麦从抽穗到灌浆期，经常遇到干热风的侵袭。干热风会使麦株青枯，不能正常灌浆成熟，麦粒空瘪，粒重降低，减产可达10%~30%。如果在小麦抽穗到乳熟期喷施磷酸二氢钾，磷、钾营养经小麦叶吸收后，能加快干物质的合成、运输和积累，使麦粒灌浆充足，灌浆速度加快，有明显的增加粒重和促进成熟的作用，从而减轻干热风的危害。对于后期氮素营养偏多的麦株，喷施磷酸二氢钾，有使干物质合成和积累加快的作用。因此，对灌浆结实也有一定好处，即使发生干热风的年份也能增产。磷酸二氢钾浓度以0.2%为宜，每亩喷50千克肥液，用药100千克左右。喷肥时间以抽穗扬花期为好，灌浆期再喷一次效果更好，两次间隔10~15天。

二、冬小麦的需肥量和需肥规律

我国种植的冬小麦一般在秋末冬初播种，来年夏初前后收获，生育期较长。小麦是一种需肥较多的作物，据统计分析，在一般栽培条件下，每生产50千克小麦，需要从土壤中吸收氮1.5千克

左右、磷 0.5~0.75 千克、钾 1.5~2 千克，氮、磷、钾的比例约为 3∶1∶3。小麦对氮、磷、钾的吸收量，随着品种特性、栽培技术、土壤和气候等有所变化。产量要求越高，吸收养分的总量也随之增多。

小麦在不同生育期，对养分的吸收数量和比例是不同的。小麦对氮的吸收有两个高峰：一是在出苗到拔节阶段，吸收氮占总氮量的 40% 左右；二是在拔节到孕穗开花阶段，吸收氮占总氮量的 30%~40%，在开花以后仍有少量吸收。小麦对磷、钾的吸收，在分蘖期的吸收量约占总吸收量的 30%，拔节以后吸收率急剧增长。磷的吸收以孕穗到成熟期吸收量最大，约占总吸收量的 40%。钾的吸收以拔节到孕穗、开花期为最多，占总吸收量的 60%，在开花时对钾的吸收达到最大。因此，在小麦苗期，应有适量的氮素营养和一定的磷、钾肥，促使幼苗早分蘖、早发根，培育壮苗。拔节到开花是小麦一生吸收养分最多的时期，需要较多的氮、钾营养，以巩固分蘖成穗，促进壮秆、增粒。抽穗、扬花以后应保持足够的氮、磷营养，以防脱肥早衰，促进光合产物的转化和运输，促进麦粒灌浆饱满，增加粒重。

三、冬小麦如何施用底肥和种肥

施足小麦底肥是提高麦田土壤肥力的重要措施。底肥既能保证小麦苗期生长对养分的需要，促进早生快发，使麦苗在入冬前长出足够的健壮分蘖和强大的根系，又为春后生长打下基础。底肥对小麦中期稳长、成穗和防止后期早衰也有良好作用。底肥的数量应根据产量要求，肥料种类、性质，土壤和气候条件而定。底肥应占施肥总量的 60%~70% 为宜。底肥应以有机肥为主，适量施用氮、磷、钾等化学肥料。一般每亩施农家肥 1~1.5 吨、尿素 10 千克或碳酸氢铵 25 千克、过磷酸钙 25 千克、氯化钾 5~7.5 千克，或草木灰 50~75 千克。有机肥数量多，在保肥力强的黏性土和干旱地区，有机肥肥料不易分解，底肥中化肥的比例可大些；化肥用量较多时，在保肥力差的沙性土和雨水较多的地区，底肥比例应小一些。

底肥施用方法：数量多时，应全层施用，粗肥可在耕地前深施，精肥适当浅施作表层肥；底肥数量少时，应集中施用，采用条施或穴施的办法。磷肥最好与有机肥混合施用，对速效磷肥可以减少土壤对磷的吸附、固定；对迟效或难溶性磷肥，有利于磷的释放和被作物吸收。

小麦播种时用适量速效氮、磷肥作种肥，能促进小麦生根发苗，提早分蘖，增加产量，对晚茬麦和底肥不足的麦田有显著的增产效果。各地试验证明，施用硫酸铵拌种的可增产 10% 左右。氮肥作种肥一般每亩用 5 千克硫酸铵或 2.5 千克尿素，碳酸氢铵易挥发，不宜作种肥。磷肥作种肥时，可预先将过磷酸钙与腐熟的农家肥粉碎过筛后，制成颗粒肥与小麦种子混播；也可将过磷酸钙撒在土表后，浅耕混匀再行播种。过磷酸钙的用量一般每亩施 7.5~10 千克。对土壤肥沃或底肥充足的麦田，种肥可以不施。

种肥的施用方法可概括为两种，即将化肥与麦种混合播种，或与麦种隔一定的土层分施。化肥与种子混播操作方便，但由于化肥和种子的颗粒大小不同，重量也不相同，二者很难同时均匀地施入土壤。因此，机器播种时，要注意经常搅拌。

四、小麦如何巧施返青、拔节、孕穗肥

小麦返青后生长开始转旺，吸收养分逐渐增多，但是此时地温不高，作底肥施下的农家肥料分解缓慢，不能满足小麦需要，因此要追施速效化肥。追肥要看苗追施，对于冬前每亩总茎数达 100 万以上的旺苗，由于分蘖太多、叶色深绿、叶片肥

大，返青肥应以磷、钾肥为主，不要再追氮肥。每亩施过磷酸钙15千克、草木灰50~100千克或钾肥10千克左右，对壮秆防倒伏有好处。对于冬前每亩总茎数已达70万~100万的壮苗，应以巩固冬前分蘖为主，适当控制春季分蘖，以减少无效分蘖。追肥可在2月底至3月初，每亩施碳酸氢铵7.5~10千克。对保水保肥力强的稻茬麦，可适当早施；保水保肥力差的沙壤土或砂姜黑土，可适当晚施。麦田偏弱苗时，可酌情施"偏心"肥。对于冬前分蘖不足的弱苗，应重施返青肥，每亩可施碳酸氢铵15~20千克，施用方法最好开沟深施，施后覆土。对于缺磷的麦田，可每亩施10~15千克过磷酸钙，磷肥因不易移动不能撒施地表，必需开沟施在根系附近。

小麦从拔节到抽穗是生长发育最旺盛的时期，吸肥量大，需肥最多，满足这一时期的养分供应，是小麦高产的关键。拔节肥、孕穗肥应该看苗巧施。对于生长不良的弱苗，群体偏小，每亩总茎蘖数不足30万，应早施拔节肥，提高分蘖成穗率，力争穗多、穗大。追肥量可占总施肥量的10%~15%。每亩可用尿素3~4千克沟施或穴施。对于生长健壮的麦苗，由于群体适宜，穗数一般有保证，主要应攻大穗。因此，拔节期间应适当控制肥水，防止倒伏，待叶色自然褪淡，第一节间定长，第二节间迅速伸长时，再水、肥同施，保花增粒，延长上部叶片功能期，又不至于使第一、第二节间过长。对于群体大、叶面积过大、叶色浓绿、叶宽大、下垂的旺苗，有倒伏危险，主要应控制水、肥，抑制后生分蘖，如有条件可以喷施矮壮素，矮化植株，壮秆防倒伏。

第四章 蔬菜化肥减量增效技术

第一节 主要蔬菜养分需求特点

一、我国蔬菜施肥现状

由于蔬菜种类不同、种植模式多样、农民施肥习惯各异、蔬菜生产中需肥量估算不准确、缺乏合理的施肥指标体系等原因，导致我国目前蔬菜施肥不合理现象非常普遍，主要表现如下所述。

(1) 盲目过量施肥，肥料施用量不断增大。为了满足日益增长的蔬菜生产需求，无论是设施栽培还是露地栽培，目前农户过量施肥现象普遍。研究表明，目前我国蔬菜平均施氮量为388千克/公顷，严重超出作物正常生长所需要的养分量，远远高于小麦、玉米、水稻等粮食作物，远高于欧美水平。

(2) 各生育期氮、磷、钾肥料投入与蔬菜养分需求比例不协调。由于缺乏对蔬菜养分需求规律的认知，导致农户在施肥过程中氮、磷、钾肥料投入与蔬菜养分需求比例不协调问题突出。例如，葛晓颖（2009）研究结果表明，番茄氮、磷、钾养分需求比例为 1∶0.2∶1.7，而农户在实际生产过程中氮、磷、钾总养分投入比例为 1∶0.77∶0.61，因此与蔬菜养分需求比例相比，蔬菜施用的氮、磷所占比例偏高，钾偏低。长期大量的氮、磷养分在土壤中累积，容易导致土壤次生盐渍化，影响蔬菜对养分的吸收。同时，肥料在各生育期施肥比例不合理，基肥投入偏大。刘朋朋（2011）研究表明，京郊地区果类蔬菜基施养分量远大于追肥量，最高为追肥量的42倍。

（3）中微量元素缺乏现象突出，生理病害增多。为了追求高产，菜田长期过量投入氮、磷、钾肥料，不仅容易导致土壤理化性状恶化，而且可能影响到中微量元素的有效供应。齐红岩等（2006）研究表明，过量的钾素供应会影响作物对镁的吸收，容易产生镁缺乏现象。

不合理的施肥，会导致一系列问题。

（1）肥料利用率低。我国露地蔬菜和设施蔬菜氮肥平均利用率分别为25.9%和19.7%，低于粮食作物氮肥利用率。

（2）环境问题，如土壤酸化、水体富营养化、大气污染等问题突出。董章杭等（2005）研究表明，在典型集约化蔬菜种植区山东省寿光市，由于过量的氮肥施用，全年平均NO_3^--N含量高达22.6毫克/升，超出我国饮用水标准36.5%，超出最高允许含量（Maximum allowable content，10毫克/升）59.5%。

（3）土壤问题严重。土传病害、根结线虫等连作障碍问题突出。

（4）影响产量和品质。

二、年周期生长发育与养分吸收特点

与大田作物相比，蔬菜作物根系分布浅，对养分吸收能力弱，需肥量大。蔬菜种类不同对养分的要求也不相同，根菜类和茎菜类蔬菜在生长发育上，先进行营养生长，再进行生殖生长，因此必须多施基肥，狠抓早期追肥，促进茎叶的发育，扩大叶面积，才能夺取高产。茄果类、瓜类蔬菜，前期完全是营养阶段，直到开花期，营养生长和生殖生长并进。果菜类蔬菜在结果期多次收获过程中需要多次补充水分和养分；而非果菜类蔬菜对养分需求过程比较简单，一般追肥 1~3 次即可。各类蔬菜主要养分吸收动态规律如图 4-1 所示。

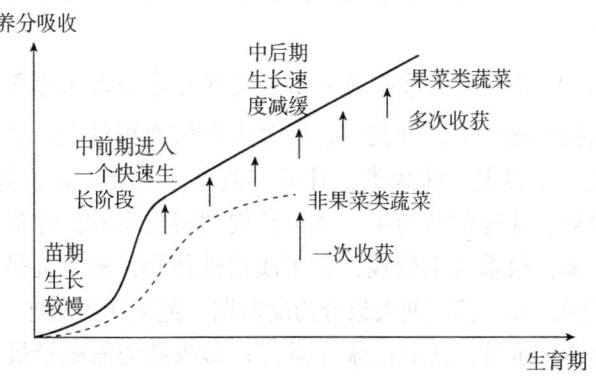

图 4-1　各类蔬菜主要养分吸收动态规律

（一）果菜类蔬菜年周期生长发育与养分吸收特点

果菜类蔬菜主要包括黄瓜、茄子、辣椒、南瓜、丝瓜等作物。从生长周期特点来看，果菜类蔬菜根系发达，枝叶繁茂，生长周期相对较长，产量高，需肥量较大，营养生长与生殖生长并进，边现蕾、边开花、边结果，其生长周期大致可以分为苗期、开花期、结果期（结果初期、结果中期和结果末期）3 个阶段。作物不同生长时期的养分积累量存在差异，果菜类蔬菜作物的养分需求规律符合 S 形曲线特征。苗期到开花初期，植株干物质积累速率较慢，对养分需求较少；从开花初期之后到盛果期，干物质积累速率快速增加，对养分吸收随之迅速增加，是营养生长和生殖生长旺盛时期，也是吸收养分最多的时期；从盛果期到结果末期，干物质积累缓慢增加，对养分吸收增加缓慢。对养分吸收总量而言，每生产 1 000 千克果菜类蔬菜对氮、磷、钾的养分吸收比例平均约为 1∶0.6∶1.3，同时对中微量元素钙、镁、硼吸收量也大。相对氮而言，果菜类蔬菜对磷的吸收量相对较少，且植株对磷的吸收以植株生长前期为主；而各果菜类蔬菜对钾吸收量最大，果实膨大期是钾素吸收的主要时期。

（二）叶菜类蔬菜年周期生长发育与养分吸收特点

在我国蔬菜生产种类中，叶菜类种植面积最大，主要包括白菜类、芥菜类、叶葱类、甘蓝、菠菜、芹菜、韭菜等作物，以大白菜、甘蓝种植为主。从生长周期特点来看，叶菜类蔬菜种类较多，根系入土较浅，属于浅根性作物，根系抗旱、抗涝能力较弱，其生长周期大致分为幼苗期、莲座期和花球（器官）形成期3个阶段，其中花球（器官）形成期为需肥量最多的时期。营养特点为氮、磷、钾三要素养分中以钾元素为最高，养分吸收的高峰是在生育前期，追肥原则是前轻后重，每生产1 000千克叶菜类蔬菜对氮、磷、钾的养分吸收比例平均约为1：0.5：1.4，容易发生缺钙和缺硼症状，缺钙会引起芹菜心腐病；菠菜、莴苣均对缺铜、缺钼、缺锌敏感，因此对这类蔬菜喷施多元微肥有一定的增产效果。

（三）茎菜类蔬菜年周期生长发育与养分吸收特点

茎菜类蔬菜包括马铃薯、生姜、莴笋、芋头、洋葱、大蒜等，其生长特点是根系较浅，耐旱、耐涝能力弱。这类蔬菜以氮肥为主，并且配合磷、钾肥。幼苗期对氮、磷需求较强，到生长后期对钾的要求影响较大，整个生育期对微量元素硼、硫要求较高。每生产1 000千克茎菜类蔬菜，养分吸收量为氮（N）4.5~5.0千克、磷（P_2O_5）1.1~1.3千克、钾（K_2O）4.4~4.7千克，其吸收比例约为1：0.3：0.9。在施肥上应注意硫肥施用，防止叶片因缺硫而发黄、缺少辛辣味。缺锰时，易引起洋葱植株倒伏；缺硼时易引起洋葱鳞茎不紧实而发生心腐病。

(四) 根菜类蔬菜年周期生长发育与养分吸收特点

根菜类蔬菜包括萝卜、甜菜、山药、豆薯等，其养分吸收在植株生育中期达到最高，之后减少，养分从叶部向根部转移，促进根的膨大。根菜类蔬菜吸收土壤中磷素的能力较强，对硼较为敏感，属于需硼较多的蔬菜。根菜类作物生长周期大致可以分为幼苗期、肉质根膨大前期、肉质根膨大期3个阶段，在施肥上应掌握好氮肥用量和增施钾肥。每生产1 000千克根菜类作物，需吸收氮（N）2.1~3.1千克、磷（P_2O_5）0.8~1.9千克、钾（K_2O）3.8~5.6千克，其吸收比例为1∶0.5∶1.8，所以增施钾肥是不能忽视的增产措施。

三、影响施肥效率的因素

合理施肥量的确定是作物施肥的关键技术，影响蔬菜作物施肥效率提高的主要因素如下。

(一) 肥料因素

肥料因素包括肥料用量、肥料类型、基追比例、养分配比、施肥时间和次数。

肥料用量对作物生长发育具有重要的意义，但是过量或少量的肥料投入都会影响作物的生长发育，进而影响蔬菜的产量和品质。肥料用量过少，不能满足蔬菜生长发育所需养分的需求，抑制蔬菜生长，蔬菜生长矮小，产量低。肥料过量施用，也会影响作物生长发育，例如氮肥投入过多，导致蔬菜作物出现营养失衡，影响蔬菜作物对钙的吸收，从而诱发干烧心、脐腐病等缺钙性生理病害，同时过多的氮肥容易使蔬菜营养生长过旺，难以坐果。另外，过量施肥，容易造成肥料的淋洗损失，特别是氮淋洗现象十分突出，还会造成土壤酸化、次生盐渍化现象。

肥料类型也是影响肥料利用率的重要因素。目前我国在蔬菜生产上，化肥以三元复合肥、尿素、磷酸氢二铵为主，有机肥以鸡粪、牛粪、猪粪等畜禽粪便为主，加之肥料的过量投入，导致了土壤盐分积累、养分比例失调、硝酸盐污染等问题，严重影响了肥料的利用效率。同时，铵态氮和硝态氮是蔬菜主要的氮吸收形式，但不同蔬菜种类对氮形态喜好不同，而目前生产上大量施用硝态氮肥，导致土壤硝酸盐淋洗现象比较严重，同时不利于喜铵态氮的蔬菜生长，影响氮肥利用效率。

由于不同蔬菜不同生育期对各养分需求不同，因此肥料基追比例、各养分配比、施肥时间和次数也是影响肥料效率的重要因素。然而，由于目前对各类蔬菜养分吸收规律特征不清楚，导致农户盲目施肥现象较为突出，影响了蔬菜对各养分的吸收，进而影响肥料的利用效率。例如，基肥投入偏大，容易抑制前期蔬菜根系的生长和发育，同时容易导致氮、磷养分大量淋洗损失；对于果类蔬菜，农户为了追求高产，后期钾肥施用量偏高，容易导致后期蔬菜缺钙、缺镁现象突出，影响产量和品质；单一地使用大量元素肥料，而忽视中微量元素的使用，都会导致蔬菜作物出现营养失衡，导致肥料利用率低。

施肥方式也是影响肥效的重要因素。菜田施肥的方法很多，包括撒施、沟施、冲施及叶面施肥等，不科学的施肥方式不仅容易造成施肥不匀，而且由于化肥冲施量大，极易造成氮素肥料通过硝化作用迅速氧化成硝态氮而随水下移淋失，既造成养分损失，又污染了环境，例如，对于一些易挥发的、需避免反硝化作用的肥料（硫酸铵、碳酸铵、硝酸铵等氮肥），最好施在土壤深层，让铵离子被土壤吸附，防止流失，磷肥、钾肥在土壤里向下移动缓慢，所以在表层施用效果不大，应当混入土层中为宜，对于溶于水的化肥，随水灌溉施入比较好。同时，目前农户大都是大水漫灌施肥方式，容易造成肥料的大量损失，肥料利用率偏低。

(二) 土壤因素

合理调整土壤环境，维护好土壤环境是蔬菜根系有效吸收养分的前提，也是提高肥料利用率的关键。其中土壤类型、土壤酸碱度、土壤水分、土壤透气性、土壤肥力等都直接或间接地改变肥料效应，影响蔬菜生长。

不同土壤类型，土壤保肥效果不同，黑壤土、轻壤土保肥供肥性好，沙壤土保肥性能差。土壤结构被破坏，土壤板结，物理性状差，抗逆能力下降，影响肥料施用，减弱蔬菜抵御旱、涝自然灾害的能力。

蔬菜作物生长的最适 pH 值为 5.8~7.5，如果土壤过度的盐积会使植株发生代谢紊乱现象，表现为生长发育迟缓，严重时从下部叶片开始黄化，最后枯死，影响果菜类的果实膨大，果实变小，并且由于养分吸收受阻，易发生多种病害，如番茄脐腐病、黄瓜蔓割病等。如果土壤在酸性条件下，铝、锰的溶解度增大，土壤酸化后，可加速土壤中含铝的原生和次生矿物风化而释放大量铝离子，形成植物可吸收形态的铝化合物，植物长期和过量地吸收铝，会引起中毒，甚至死亡。

同时，酸性条件下，土壤中的氢离子增多，对蔬菜吸收其他阳离子产生拮抗作用。酸化土壤加速土壤矿物质营养元素的流失，改变土壤结构，导致土壤贫瘠，影响植物正常发育。

(三) 其他因素

蔬菜类型、光照、温度、降水量是影响施肥效果的重要因素。作物生长需要适宜的温度，一般为 20~30℃。如果温度超过适宜的温度，影响作物的生长，同时加速肥料在土壤中转化与分解，增加肥料的损失，如增加氨挥发损失。同时土壤水分对施肥的影响也很大，因为蔬菜的生长需要适宜的土壤含水量，如果土壤水分过高，会抑制作物的生长，同时影响土壤微生物的活性，影响作物对肥料的吸收，并且肥料容易随水流失，损失严重。

四、施肥管理措施

合理施肥对蔬菜的产量和品质有很大的影响，所以在努力培肥地力的基础上，经济施肥、科学施肥，可以减少肥料用量，并提高肥料利用率，减少对环境的污染，保证蔬菜营养需求，达到减肥增效的效果。科学合理的施肥措施对降低生产成本、提高施肥效率具有重要的作用。

（一）施肥原则（按需施肥）

基于蔬菜生长发育规律、养分吸收规律和土壤养分动态变化规律的根层养分调控技术，使各生育期养分供应与养分需求在时间、空间上相匹配，既满足地上部分生长发育的需求，又不至于导致养分的奢侈吸收、不平衡吸收以及其他不利影响，减少过量养分在环境中的损失。

（1）合理的施肥用量确定原则。主要包括根层氮素调控（总量控制，分期调控）技术、磷钾恒量监控技术、中微量元素因缺补缺技术。根层氮素调控技术是指以蔬菜作物的需求数量为核心，在数量上表现为蔬菜用于形成生物体的氮素吸收量，以及保证作物获得目标产量的最低土壤无机氮素残留量。与氮肥不同，磷、钾肥施入土壤后相对比较稳定，因此人们采用磷钾恒量监控技术对磷、钾肥进行调控，磷钾恒量监控技术是指以土壤养分丰缺指标和作物养分需求为基础，满足作物高产需求，并将土壤有效磷、钾含量处于并长期处于作物高产需求的适宜水平，根据土壤中微量元素含量以及植物所表现出来的症状，缺少某种微量元素要及时补充。

（2）合理的施肥时期、养分配比确定原则。根据不同时期作物养分需求特征和土壤养分特征，确定关键施肥时期，以及不同时期各养分施肥用量和养分配比。

（二）肥料类型确定

根据蔬菜种类、土壤条件（质地、pH值、土壤水分和温度）、气候条件（降水量、温度）、栽培条件选择恰当的肥料类型。

（三）施肥方式确定

在确定了施肥量、施肥配比以及选择好肥料的基础上，选用合理的施肥方法（施肥时期和方式）是提高肥料利用率的有效途径。不同的肥料品种，因其施入土壤后的转化和当季有效性的不同，以及作物对各种养分的需求不同，在施肥分配上应有所差异。有机肥一经施入农田，需要在微生物的作用下经历矿化后才能被作物吸收利用，其肥效较慢，但是稳定、持久。因此，有机肥一般作为基肥施用（高忠渊，2009）。磷素在土壤中的移动性小，施入后易积累，通常结合有机肥作为基肥施入。对于氮、钾而言，从蔬菜养分吸收的特点看，一般作物前期养分吸收慢，吸收量少，养分的大量吸收主要在开花坐果后，因此需要考虑蔬菜生长的季节性差异，加大蔬菜氮、钾的追施比例，尤其是氮素在土壤中极易随水淋洗损失，因此氮、钾的施入应该遵循"少量多次"的原则（贾小红，2007；陈清和张福锁，2007）。

基肥的施肥方法主要有沟施、穴施、撒施、条施等，追肥包括沟施（条施）、穴施、撒施、冲施、滴灌施肥及根外施肥等，目前水肥一体化技术被认为是当今世界上水、肥利用效率最佳的技术，具有巨大的推广前景。水肥一体化是利用管道灌溉系统，将肥料溶解在水中，同时进行灌溉与施肥，适时、适量地满足农作物对水分和养分的需求，实现水肥同步管理和高效利用的节水农业技术。水肥一体化技术可以根据作物水肥需求时期和用量进行分次供应，实现水分和养分定量、定时、按比例直接提供给作物，符合作物水肥需求规律，降低了水肥淋洗损失，提高水肥利用效率。研究表明，水肥一体化技术具有省肥节水、省工省力、降低湿度、减轻病害、增产高效的优点。

第二节　瓜类蔬菜减量增效技术

瓜类蔬菜有黄瓜、甜瓜、西瓜、西葫芦、南瓜、丝瓜、冬瓜等，该类蔬菜喜湿不耐涝、喜肥不耐肥，适宜富含有机质的肥沃土壤。

一、黄瓜

(一) 营养特点

黄瓜为一年生草本蔓生攀缘植物，根系主要分布在 0~25 厘米的土层内，10 厘米内最为密集，属浅根性蔬菜。黄瓜对土壤条件要求较高，土壤水分过多或过少、土壤通气不良等，均会影响黄瓜的生长和产量。适宜中性或弱酸性的土壤。黄瓜吸水能力强，耗水量大，需要经常灌溉。

黄瓜产量高，因此对养分的需要量比较大，每生产 1 000 千克黄瓜需要吸收氮 2.8~3.2 千克、磷 0.5~0.8 千克、钾 2.7~3.7 千克、钙 2.1~2.2 千克、镁 0.4~0.5 千克，对养分的需求是钾>氮>钙>磷>镁。

黄瓜的生育周期分为幼苗期、初花期和结果期。黄瓜不同生育期对养分的吸收不同，初花以前，植株生长缓慢，对养分的吸收量比较少，随着不断的开花结果，养分的吸收量逐渐增加。在整个生长发育的过程中对氮的吸收有两次高峰，分别出现在初花期至采收期，采收盛期至拉秧期。对磷、钾、镁的吸收高峰在始采期到采收盛期,对钙的吸收在盛采期至拉秧期。

(二)施肥技术

(1)基肥。播种或定植前结合土壤耕翻施入土壤中或播种时距种子15厘米左右开沟施用。一般每亩施优质的农家有机肥料3 000~4 000千克、磷酸二铵10~15千克和硫酸钾15千克,将其混合后施用。

(2)追肥。黄瓜是连续采收的蔬菜,需要不断追肥,以保证果实的正常生长发育和植株的健壮生长。依据土壤肥力和土壤质地情况,一般追肥3~5次,原则以速效化肥为主。

①结瓜初期进行第一次追肥,每亩施用尿素10千克(或硫酸铵20千克)、硫酸钾10千克。

②盛瓜期进行第二次追肥,以后每15~20天追肥一次,每次追肥的数量可适当减少,最后一次追肥可以不追钾肥。在结瓜盛期可用0.5%的尿素和0.3%~0.5%的磷酸二氢钾水溶液叶面喷施2~3次。

二、西瓜

(一)营养特点

西瓜是一年生蔓生草本植物,根系发达。主根深度可达1米以上,主根上长出一级侧根,从一级侧根上长出二级侧根,一级、二级侧根呈水平分布,半径可达1.5米,形成西瓜根系的骨架。西瓜对土壤条件要求不是很严格,以土层深厚、排水良好、肥沃的壤土和沙质壤土为好。

西瓜一生分为幼苗期、抽蔓期和结果期,不同发育时期对养分的需求有所不同。幼苗期吸收养分的数量比较少;抽蔓期生长量加快,吸收量逐渐增加;结瓜期,生长量最大,吸收量也最大,吸收量占总吸收量的80%以上,每生产1 000千克的西瓜需氮2.5~3.3千克、磷0.3~0.6千克、钾2.3~3.1千克。

(二) 施肥技术

(1) 基肥。一般每亩施用优质农家有机肥料4 000~5 000千克、磷酸二铵25~30千克、硫酸钾10~15千克，结合耕翻施用或集中施入播种畦或瓜沟内。

(2) 追肥。西瓜抽蔓期和果实生长盛期吸收营养元素较多，应重点追肥。

①伸蔓肥（预施结果肥），第一次追肥在西瓜团棵后，每亩施用硫酸铵7.5~15千克、硫酸钾15千克。有条件的可施用饼肥，有利于植株健壮生长，而且不会徒长。

②结果肥，幼果有鸡蛋大小时开始进行第二次追肥，目的是促进果实膨大，维持植株长势。每亩施用硫酸铵10~15千克、硫酸钾5千克。

③瓜长到碗口大小时（坐瓜后15天左右），每亩追施尿素5~10千克、磷酸二铵5千克、硫酸钾7.5~10千克。此外，在西瓜生长期间，可以结合防治病虫害，在药液中加入0.2%~0.3%的尿素和磷酸二氢钾（二者各半），进行叶面喷肥，每隔10~15天喷1次。也可以单独喷施。

第一批果实采收后，如拟延长生长季节，争取结二三次果，应再追肥2~3次。具体方法参照上面的结果肥。

三、西葫芦

(一) 营养特点

西葫芦为一年生草本植物，根系发达，主要根群深度为15~20厘米，分布范围为120~210厘米。耐低温和弱光的能力强，具有较强的吸水力和抗旱能力，对土壤的要求也不太严格，在沙土、壤土或黏土上均可很好地生长，而且产量高，病害相对较轻，采瓜期长。

西葫芦的生育期分为幼苗期、初花期、结瓜期。幼苗期需肥量较少，随着开花结果对养分的需求逐渐增大。西葫芦属喜肥蔬菜，对养分的需求量比黄瓜高，每生产1 000千克西葫芦需要氮3.92千克、磷2.13千克、钾7.29千克。

（二）施肥技术

（1）基肥。西葫芦对厩肥、堆肥等有机肥料具有良好的反应，施肥应以有机肥为主，肥料配合上必须注意磷肥、钾肥的供给。基肥的用量一般每亩施用5 000~7 000千克优质农家有机肥料、尿素10~15千克、磷酸二铵30~40千克、硫酸钾30~40千克。

（2）追肥。一是当根瓜开始膨大时进行追肥，每亩追施尿素10~15千克、磷酸二铵10千克、硫酸钾20千克。二是在果实生长和陆续采收期间，根据长势应追肥2~3次，每次每亩施用尿素10~15千克。

第三节　豆类蔬菜减量增效技术

豆类蔬菜包括菜豆、豇豆、豌豆、菜用大豆、蚕豆、刀豆、扁豆等。豆类蔬菜最大的营养特点是根系具有根瘤，能固定空气中的氮素，因此，对氮肥的需要量少，但需磷肥、钾肥比较多，对土壤养分要求不严格。

一、菜豆

（一）营养特点

菜豆俗称四季豆、芸豆，以食用嫩荚和种子为主，是我国重要的春、夏、秋季蔬菜。菜豆根据其茎的生长习性可分为矮生菜豆和蔓生菜豆。菜豆的根系比较发达,直根入土深。主根和侧根上可形成根瘤,可固定空气中的氮素,能为菜豆生长发育提供约1/3的氮素营养,因此,对氮肥的需要量少。菜豆适宜生长的pH值为5.5~6.5,耐酸能力较弱,土壤pH值下降时严重影响菜豆的生长。

每生产1 000千克菜豆需要吸收氮10.1千克、磷1.0千克、钾5.0千克,其中,氮素约1/3来自根瘤菌固氮。不同品种养分的需要量不同,矮生菜豆比蔓生菜豆对养分的需要量少。矮生菜豆生育期短,从开花盛期就开始大量吸收养分;蔓生菜豆生育期长,到嫩荚伸长时才开始大量吸收养分。菜豆对磷的需要量不多,但缺磷使植株和根瘤菌生长不良,严重影响产量。菜豆的生育期分为幼苗期、抽蔓期和开花结荚期,苗期和结荚期是施肥的关键时期。

(二) 施肥技术

(1) 基肥。播种或定植前结合土壤耕翻施入土壤中,或播种时距种子15厘米左右开沟施用。菜豆根系的根瘤固氮作用较弱,尤其是在根瘤菌未发育的苗期,利用基肥中的养分促进菜豆的生长发育非常重要。一般每亩施优质的农家有机肥料3 000~4 000千克,尿素10千克、磷酸二铵15千克和硫酸钾10千克混合后施用,或施用复合肥20~30千克。矮生菜豆可适当减少。菜豆根系需要良好的通气条件,施用未腐熟的鸡粪或其他有机肥,土壤容易产生有害气体,氧气减少,引起烂种和根系过早老化。因此基肥应选择完全腐熟的有机肥,也不宜用过多的氮素肥料。

(2) 追肥。根据土壤肥力状况和菜豆长势,一般蔓生菜豆追肥2~3次,矮生菜豆追肥1~2次。

①播种后20~25天,菜豆开始花芽分化时可适当追肥,育苗移栽的菜豆在缓苗后可适当追肥,每亩追施尿素5~10千克、

磷肥 5~10 千克。

②开花结荚期追肥。菜豆坐荚后根据菜豆的长势追肥,每亩用尿素 5~10 千克、硫酸钾 5 千克。

③第一次收获后,菜豆进入开花结荚盛期,进行第三次追肥,以速效氮肥为主,如尿素 10 千克。在收获的中后期,如发现脱肥现象,可再追施尿素 10 千克左右,防止早衰延长生长期,增加产量。

二、豇豆

(一)营养特点

豇豆根系发达,主根能达到 1 米深,侧根可达 0.8 米。对土壤条件要求不严格,旱地、贫瘠土壤也能生长,壤土和沙壤土生长效果最好。相对于其他豆类蔬菜,豇豆根瘤菌较少,固氮能力弱,因此,豇豆要求适当多施基肥,保证前期生长有充足的氮素供应。

每生产 1 000 千克豇豆需要吸收氮 12.2 千克(部分氮素由根瘤菌固氮提供)、磷 1.1 千克、钾 7.3 千克,豇豆需钾量较多。在植株生长发育的前期,根瘤尚未充分发育,需供给一定量的氮肥,氮数量不宜过多,以免引起徒长,应氮、磷、钾肥配合施用。豇豆与其他豆类相比更容易出现营养生长过旺而影响开花结荚,因此,结荚前应通过控制肥水控制茎叶的生长,肥水过多会导致徒长,开花结荚部位上移,花序减少。

(二)施肥技术

(1)基肥。播种前结合土壤耕翻施入土壤中,或播种时距种子 15 厘米左右开沟施用。豇豆不耐肥,如果土壤肥沃,基肥可适当少施;如果土壤贫瘠,基肥可适当多施。基肥的用量一般为优质农家有机肥料2 000~3 000千克、尿素5千克、磷酸二铵15千克和硫酸钾5千克混合后施用。

（2）追肥。根据土壤肥力状况和豇豆的长势，一般追肥2~3次。

①当嫩荚开始伸长时，进行第一次追肥，每亩追施尿素5~10千克、硫酸钾5千克。

②采收盛期根据豇豆的长势，再追肥1~2次，每亩追施尿素5~7.5千克。

第四节　茄果类蔬菜减量增效技术

茄果类蔬菜有番茄、茄子和辣椒等，多为无限生长型，边现蕾、边开花、边结果，生产上要注意调节营养生长与生殖生长的矛盾。茄果类蔬菜对钾、钙、镁的需求量比较大，特别是在果实采收期开始，容易产生缺素症状，如番茄、辣椒的果实脐腐病等。茄果类蔬菜的采收期比较长，需要边采收边供给养分，才能满足不断开花结果的需要，否则植株早衰，采收期缩短。

一、番茄

（一）营养特点

番茄根系发达，分布广而深，吸收能力和再生能力强。要求有良好的土壤条件，充足而平衡的养分供应。施肥不合理易给番茄生长带来不利的影响，如氮素过多容易落花落果、果实畸形，钾素不足易早衰、抗性下降，缺钙易出现脐腐病，影响产量和品质。

番茄的生育期可分为发芽期、幼苗期、开花着果期、结果期。采收期长，需要边采收边供给养分。从幼苗移栽到开花前对养分的需求量较少，尤其对磷的吸收更少，对钾和钙的吸收量最大，开花后养分的吸收量逐渐增加，到果实形成期则成倍增加。番茄对营养元素吸收的特性主要表现在对钾素的需求量最大，氮素次之，磷素最小。每生产1 000千克的番茄需氮2.1~3.4千克、磷0.3~0.4千克、钾3.1~4.4千克。

（二）施肥技术

（1）基肥。定植前结合耕翻施入基肥，施足基肥是高产的基础，应以有机肥料为主配合施用化肥。每亩应施用腐熟的农家有机肥料4 000~5 000千克、过磷酸钙40~50千克或磷酸二铵10~15千克、硫酸钾10~15千克。

（2）追肥。移栽后到坐果前，以控为主，不追肥。第一果穗有乒乓球大小时开始追肥，以后根据番茄长势、土壤条件和天气状况每隔10~15天追施一次。每次追施尿素20~30千克、磷酸二铵5千克、硫酸钾20~30千克。注意每层开花坐果时肥量要降低，每层膨果时肥量要增加。

根据番茄的长势，在结果盛期可进行叶面施肥，防止早衰。一般用0.3%~0.5%的磷酸二氢钾、0.1%~0.2%的尿素或0.1%硼砂溶液喷施叶面。

二、茄子

（一）营养特点

茄子的根系发达，根深叶茂，垂直根系可达1~1.3米，主要根群分布在33厘米内的土层，根系损伤后再生能力差。生长结果期长，养分的吸收量大。茄子对养分的吸收量，随着生育期的延长而增加，进入结果期养分吸收量迅速增加，从采果初期到结果盛期养分的吸收量可占到全生育期的60%以上。茄子对氮、磷、钾的吸收特点为：吸钾最多，其次是氮，吸磷最少。

每生产1 000千克的茄子需氮2.6~3.0千克、磷0.3~0.4千克、钾2.6~4.6千克。

(二) 施肥技术

(1) 基肥。定植前结合耕翻施入基肥，基肥应以有机肥为主配合施用化肥。每亩施用有机肥4 000~5 000千克、过磷酸钙25~30千克或磷酸二铵10~15千克、硫酸钾10~15千克。

(2) 追肥。

①第一次追肥是在"门茄"长到3厘米时，即"瞪眼期"（花受精后子房膨大露出花萼时），果实开始迅速生长时进行。每亩追施纯氮尿素10~12千克或硫酸铵20~25千克。

②当"对茄"果实膨大时进行第二次追肥，追肥量同上。

③以后根据茄子长势、土壤质地及天气条件，每隔15~20天追肥一次，直到"四母斗"收获完。

三、辣椒

(一) 营养特点

辣椒根系不发达，根系少，主要分布在15~30厘米的土层内，横向分布在25~30厘米。对土壤的适应性比较广，但以中性至微酸性土壤最好。

辣椒在各个不同生育期，对氮、磷、钾等营养物质吸收的数量不同，从出苗到现蕾，约占吸收总量的5%；从现蕾到初花植株生长加快，对养分的吸收量增多，约占吸收总量的11%；从初花至结果是营养生长和生殖生长旺盛时期，也是吸收养分和氮素最多的时期，约占吸收总量的34%；盛花期至成熟期，对磷、钾的需要量最多，约占吸收总量的50%。辣椒对氮素的吸收随着生育进程逐渐增加；对磷的吸收在不同阶段变幅较少；对钾的吸收在生育初期较少，从果实采收开始明显增加，一直持续到结束；对钙的吸收随着生长期逐渐增加，若在果实发育期钙素不足，易出现脐腐病；对镁的吸收高峰在采果盛期。每生产1 000千克的辣椒需氮3.5~5.5千克、磷0.3~0.4千克、钾4.6~6.0千克。对氮、磷、钾的吸收特点为钾>氮>磷。

（二）施肥技术

（1）基肥。定植前结合耕翻施入基肥，基肥应以有机肥为主配合施用化肥。每亩施用有机肥5 000~6 000千克，尿素10千克、过磷酸钙50千克或磷酸二铵20~25千克、硫酸钾15千克。

（2）追肥。

①第一次追肥在辣椒膨大初期，以促进果实膨大。每亩追施尿素30千克、硫酸钾20千克。

②盛果期进行第二次追肥，以后根据辣椒的生长情况、土壤条件和天气情况结合浇水追肥2~3次。

叶面追肥有利于有机物的积累，防止落花、落果，一般增产率在10%以上。在开花期喷0.1%~0.2%的硼砂水溶液，可提高坐果率，在整个生长期可多次喷0.3%~0.4%的磷酸二氢钾溶液。

第五节　叶菜类蔬菜减量增效技术

叶菜类蔬菜包括大白菜、结球甘蓝、芹菜、菠菜、莴苣等，在养分的吸收上有其共同特点：一是对氮、磷、钾养分的需要以氮和钾为主，比例约为1∶1；二是多数根系比较浅，属浅根型作物，抗旱和抗涝的能力都比较低；三是多数叶菜类养分吸收速度的高峰是在生育的前期，因此，叶菜类蔬菜前期营养供应非常重要，对产量和品质都有重要的影响。

一、大白菜

(一) 营养特点

大白菜又称结球白菜,根系发达,由胚根形成肥大的肉质直根,着生大量的侧根,由2~4级侧根形成发达的网状根系,这些根系99%分布于地表以下30厘米深的土层。因此,要求土层深厚、质地疏松、供肥能力高的土壤。适宜生长的pH值为6.0~6.8。

大白菜生长期长、产量高,对养分的要求也高。每亩地产量可达1万多千克,形成如此高的产量需要充足的营养物质保障。据陈佐忠等人测定,大白菜可食部分含氮3.4%、磷0.4%、钾3.09%、钙1.08%、硫0.36%、铁0.012%和硅0.001%,可见大白菜体内氮、磷、钾含量较高。大白菜氮、磷、钾的含量在不同部位也不同,在叶片中含量最多,约占90%。不同叶位养分含量差异也很大,含氮量是外叶含量低于心叶含量,磷、钾、钙、镁含量是随着叶位的增加而降低(表4-1)。

表4-1 大白菜不同叶位养分含量 (%,以干重计)

叶位	氮	磷	钾	钙	镁
1~10	3.31	0.96	6.87	5.40	0.23
11~20	3.64	1.01	6.46	2.54	0.21
21~30	4.41	0.94	5.37	2.12	0.21
31~40	4.89	0.92	5.06	1.52	0.20
41~50	4.83	0.88	4.62	1.32	0.10
51~60	4.90	0.79	5.66	2.00	0.19
芽	5.15	0.86	4.31	1.04	0.19

大白菜是需肥较高的蔬菜。据资料报道,平均单株一生需要吸收氮6.46~8.65克、磷1.21~1.61克、钾9.18~13.94克。每生

产1 000千克的大白菜需氮1.8~2.6千克、磷0.4~0.5千克、钾2.7~3.1千克，其比例约4.6∶1∶7.6，钾的需要量明显高于氮和磷。大白菜为喜钙蔬菜，环境条件不良、管理不善时会导致生理缺钙，出现干烧心病，对大白菜的品质影响很大。因此，除了保证氮、磷、钾营养元素的供应外，还要保证钙的供应。

大白菜生长发育过程分为营养生长和生殖生长两个阶段。营养生长阶段包括发芽期、幼苗期、莲座期、结球期。生殖生长阶段包括返青期、抽薹期、开花期和结实期。大白菜总的需肥特点是：苗期吸收养分较少，吸收量不足1%；莲座期吸收养分明显增多，其吸收量占30%；结球期吸收养分最多，约占总量的70%。各时期吸收养分的比例也不同，苗期氮、磷、钾的比例为5.7∶1∶12.7，莲座期为1.9∶1∶5.9，包心期为2.3∶1∶4.1。

（二）施肥技术

（1）基肥。播种前需要大量有机肥作基肥，可结合土壤深耕翻施入土壤中。一般每亩施用腐熟有机肥3 000~4 000千克，撒施耕翻或开沟施用。土壤肥力高的地块可适量少施，土壤肥力低的新菜地应重施有机肥，并适量施用化肥作基肥。

（2）追肥。大白菜生长发育过程中一般追肥3次，需肥最多的时期是莲座期和包心结球初、中期，在此两个时期对养分的吸收速率最快，容易造成土壤养分亏缺，并表现出营养不足，因此在这两个时期要特别注意养分的供应。

①苗肥。从播种到30天内为苗期，生物量仅占生物总产量的3.1%~5.4%。主根已深达10厘米左右，并发生一级侧根，根系的吸收能力逐渐增强，可施入少量的提苗肥，促进幼苗生长。以速效氮肥为主，如尿素或硝酸铵5千克左右。

②莲座期追肥。进入莲座期，自播种31~50天的19天内，生物量猛增，占生物总产量的29.2%~39.5%。在距苗15~20厘

米处开沟或穴施氮、磷、钾复合肥 20~25 千克。

③结球期（包心期）追肥。结球初、中期，自播种 50~69 天的 19 天内，生物量有更多的增长，占生物总产量的 44.4%~56.5%。这一时期的增重量是决定总产量高低及白菜品质的关键时期，需增加追肥量，应以氮肥为主，并配合施用磷钾肥。如每亩追施尿素或硝酸铵 20~25 千克、硫酸钾 20 千克或氯化钾 15 千克或相当数量的草木灰。

在土壤肥力差的土壤上，还可在莲座期至结球期进行叶面追肥，喷施 0.5%~1% 的尿素和磷酸二氢钾，以提高大白菜的产量和品质。

结球后期至收获，自播种 69~88 天的 19 天内，生物量增长速度明显下降，相应吸收养分量也减少，占总生物量的 10%~15%，一般不需再施肥。

（3）大白菜缺钙的矫治。大白菜缺钙多见于结球期，症状是内叶叶缘出现枯萎呈干烧心状，影响大白菜的产量、品质和食用价值。许多研究资料表明，大白菜缺钙并非完全因为土壤缺钙，氮肥用量过多和土壤干旱也会加重缺钙的发生。可通过叶面施肥补充，如用 0.3%~0.5% 硝酸钙或氯化钙溶液喷施，每隔 7 天一次，连喷 2~3 次即可见效。在喷施的溶液中加入生长素可以改善钙的吸收，如在 0.5% 的氯化钙溶液中加萘乙酸 50 毫克/升，在结球初期喷洒能提高喷施效果。

（4）硼肥的施用及效果。大白菜是需硼较多的蔬菜，其外叶适宜的含硼量为 20~50 毫克/千克（干重），若含硼量小于 15 毫克/千克（干重），容易产生缺硼。大白菜缺硼的症状为生长点萎缩，叶片发硬而皱缩，叶柄常有木栓化褐色斑块，叶柄出现横裂，不能正常结球或结球不紧实。对于缺硼的土壤施用硼肥，一般土壤有效硼小于 0.5 毫克/千克，每亩施用硼砂 1 千克作基肥，在莲座期或结球期喷施 0.1%~0.2% 的硼砂溶液，每隔

7天喷一次,连喷2次。

二、结球甘蓝

(一) 营养特点

结球甘蓝是一种叶片肥大的结球性蔬菜,为浅根系,主根不发达,须根系发达,主要分布范围为在深30厘米、横向直径80厘米的土层中。结球甘蓝对土壤的适应性较强,从沙土到黏壤土均能生长。适宜的土壤酸碱性为中性到微酸性(pH值为5.5~6.5),土壤过酸容易影响甘蓝对镁、磷、钼等营养元素的吸收。由于结球甘蓝原产地中海一带,因此具有一定的耐盐性,土壤含盐量达1.2%的盐渍土中仍能生长。

结球甘蓝是一种产量高、养分消耗量大的蔬菜,形成1 000千克商品产量需要吸收氮4.1~6.5千克、磷0.5~0.8千克、钾4.1~5.7千克,氮、磷、钾比例约为8:1:7.5,结球甘蓝是需氮和钾较多的蔬菜。

结球甘蓝从播种到开始结球,生长量逐渐增大,对养分的吸收量也逐渐增加,氮、磷的吸收量为总吸收量的15%~20%,钾的吸收量为6%~10%。开始结球后,养分的吸收量迅速增加,氮、磷的吸收量占总吸收量的80%~85%,钾的吸收量占总吸收量的90%。因此需要根据结球甘蓝不同生育时期的营养特点进行合理施肥。

(二) 施肥技术

(1)基肥。以有机肥料为主,配合施用适量的磷肥,一般在定植前结合整地每亩施用腐熟农家肥料4 000~5 000千克,可将磷肥40~50千克与农家肥混合后堆积一段时间施用。

(2)追肥。春甘蓝定植时,可根据地力情况对水浇施适量的速效氮肥,如每亩施用尿素7~10千克,可加快缓苗,提高抗寒能力。

结球甘蓝蹲苗后可追施氮肥和钾肥，如每亩追施尿素10~15千克，硫酸钾20~25千克。进入结球期后需肥量迅速增加，一般追肥次数依品种不同有所差异，早熟品种追肥1~2次，中、晚熟品种追肥2~3次。每次每亩追施氮肥15~20千克。追施化肥后应及时浇水，以提高甘蓝对养分的吸收量，充分发挥肥料的作用。

（3）结球甘蓝缺钙的矫治。结球甘蓝很容易缺钙，其主要症状是内叶叶缘及心叶一起由褐色变干枯，呈干烧心（心腐病），产品品质低劣，可食率下降，严重影响产量。甘蓝外叶适宜的含钙量为1.5%~3.0%（干重），小于1.5%就会表现缺钙。钙肥施入土壤的效果甚微或无效，常用0.3%~0.5%的氯化钙叶面喷施，每隔7天左右喷施1次，连喷2~3次。

三、芹菜

（一）营养特点

芹菜为浅根性蔬菜，根系主要分布在7~10厘米的土层中，根系吸收养分的能力较弱。芹菜的营养生长期包括发芽期、幼苗期、叶片生长期，不同生育期对养分有不同的需求，发芽期、幼苗期对养分的需求较少，定植缓苗后，叶片生长旺盛，对养分的需求逐渐增加。

不同养分种类对芹菜的生育影响不同，氮肥主要影响地上部的生长，即叶柄的长度和叶数的多少，缺氮的芹菜植株矮小，容易老化空心。磷肥过多时叶柄细长，纤维增多。充足的钾肥有利于叶柄的膨大，提高产量和品质。形成1 000千克商品产量需要吸收氮1.8~2.0千克、磷0.3~0.4千克、钾3.2~3.3千克。

（二）施肥技术

（1）基肥。定植前结合整地每亩施入3 000~4 000千克腐熟的农家有机肥料、磷酸二铵 10~15 千克、硫酸钾 15~20 千克，对于缺硼的土壤可施硼砂 1~2 千克。

（2）追肥。一般在定植后缓苗期间不追肥，缓苗后可施催苗肥，每亩 5 千克尿素结合浇水施用。当新叶大部分展出直到收获前植株进入旺盛生长期，要多次追肥。当植株达 8~9 片真叶时，按每亩 10~15 千克尿素进行第一次追肥。以后根据土壤肥力和土壤质地状况，每隔 15~20 天追肥一次，肥料的种类、用量同第一次追肥，共追肥 3~4 次。

在芹菜旺盛生长期，可用 0.5% 的尿素溶液和 0.2%~0.5% 的硼砂溶液进行叶面喷施，能明显提高产量和改善品质。

第五章 果树化肥减量增效技术

第一节 主要果树养分需求特点

一、我国果树生产及化肥应用现状

（一）我国果树产业发展现状

中国是许多果树的原产地，具有悠久的果树栽培历史，而且自然条件优越，适宜果树生长，栽培果树树种占世界主栽果树树种类型的82%。果树产业的发展促进了我国第一、第二、第三产业的繁荣，很多精品果园亩收入超过万元，而且随着生活水平的逐步提高，果树的文化与休闲功能日益突出，近年各地城郊休闲观光果园迅速发展。

（二）我国果树化肥施用现状

从20世纪80年代后期开始，我国果树种植面积不断扩大，增长速度快。由于果树经济价值高，其用肥量要远高于粮食作物，已经成为带动全国化肥用量不断增长的主要动力。大量调研显示，我国果树单位面积氮肥施用量（折纯量）为29.5千克/亩，磷肥用量为16.7千克/亩，钾肥用量为16.6千克/亩，总施用量为62.8千克/亩，是国外投入量的2~4倍，是推荐用量的2.5倍以上。肥料的过量施用，而且还有不断增加的趋势，是当今果树施肥中最主要的特点。

(三) 我国果树施肥中存在的主要问题

(1) 化肥施用量大，有机肥投入较少。施肥标准各地很难统一，大多数果农仅凭经验及参考资料施肥，常出现施氮肥过多，造成树旺贪长、成花困难；有的施磷肥过多，造成缺锌症状；有的施钾肥过多，造成缺钙等生理症状。同时，有机肥施入较少，导致土壤有机质下降。施入有机肥的方式也不科学，生产中有很多果农习惯把有机肥撒于树盘中，用铁锨或小型农机进行浅翻，这种施肥方法可使20厘米以内的吸收根获得大量有机营养，对提高果品产量和品质有特殊重要的意义，但连年浅施有机肥易导致根系上浮，这些上浮的根系极易遭受冻害、旱害，从而使树体在根系受害后，变得极度衰弱而难以恢复，甚至有的变成小老树。个别果农甚至采取把有机肥撒于树盘表面的施肥方式，那样效果会更差，不但起不到施肥的作用，而且导致肥力的大量流失。

(2) 肥料品种选择搭配不当，营养失衡。果树需要多种元素，其中氮、磷、钾最重要。生产中不少果农只重视施氮、磷，忽视施钾及微量元素，造成果品品质难提高，大小年现象严重。

(3) 施肥时间不合理，肥料效率低。不少果农不重视秋施基肥，也不重视分期施肥，直接影响果品品质和产量。秋施基肥的优点：一是果树可在秋季根系生长高峰期吸收贮备、施入的肥料；二是秋施基肥，断、伤根可及时愈合，对树势影响较小。春施基肥则相反，施入的肥料当时不能吸收利用，且断根较多时影响树势，甚至影响坐果和花芽分化。

(4) 施肥方法不科学，费工费时效果差。受农作物撒施化肥的影响，许多果农习惯把氮肥撒于表面，甚至磷肥、复合肥也采用撒施法，虽然简便易行，但弊大于利，一是撒施氮肥会造成氮的大量挥发；二是撒施后大量肥料在土壤表层积聚，易被草类吸收，造成浪费；三是幼果期撒施碳铵类肥料，易使幼果被挥发出的氨气损害，形成果锈；四是磷肥及复合肥中的磷素不易移动，撒于表面难以发挥肥效。

二、年周期生长发育与养分吸收特点

（一）果树生命周期生长及需肥规律

（1）幼树期。幼树期是指1~3年生的果树，主要以营养生长为主，此时期主要任务是快速完成树冠、根系骨架的发育及各类枝条的生长和花芽的形成。因此，幼树期对氮素营养要求较大，在施肥上应以氮素营养为主，促其快长树、多发枝，并且加大磷肥的施用，促进枝条成熟和安全过冬，增加中短枝和花芽量，为早产、丰产奠定基础。

（2）初果期。矮化密植果树3~4年，乔化果树4~8年，可达到初果期，此时期是营养生长到生殖生长的转变时期，为了促进由树体生长到结果的转变，达到长树的同时又结果，在施肥上应重视磷、钾肥的施用，并控制氮肥的施用量，以免造成树体徒长、旺长，影响果树丰产。

（3）盛果期。矮化密植果树5~6年，乔化果树9~10年，进入稳定的丰产期，此时期的果树生物量最大，对各种元素的需求量也最大。所以，在施肥上要对各种营养元素平衡供给，除了注意施入大量元素外，还要注意补充一定量的中微量元素。

（4）衰老和更新期。30~40年果树因栽培密度、管理水平和栽培模式的不同产量和质量有所下降，主要表现为根系生长缓慢，新梢生长量小，树冠内膛枝条开始枯死，外围新梢当年虽能形成花芽，但是坐果率低，因此在施肥上要注意氮肥的施用，增施有机肥，氮、磷、钾配合使用，促进多长新枝、新芽，为果树复壮更新、延长盛果期创造条件。

（二）果树年周期生长及需肥规律

（1）春季萌芽至新梢旺盛生长期（3月上旬至5月中旬）。

这是果树一年中树体营养器官的建成期,是根系生长第一次高峰期,萌芽、开花、坐果、生枝都需要大量的氮素营养,而此时期果树生长营养的主要来源是靠上一年的贮存营养来生长,因此为了保证当年营养器官的建成,必须注意在上一年秋施基肥时要施入一定量的氮肥,早春补氮则达不到促进营养器官建成的目的,影响花芽形成和果实产量、质量。

(2)幼果膨大和花芽分化期(5月下旬至6月下旬)。此时期果树根系进入第二次生长高峰期即新梢旺盛生长期、幼果膨大以及花芽分化期,是果树生长的关键时期。为了保证当年产量和翌年花芽质量、数量,果树施肥应注意多种营养均衡和偏重磷素营养供给,以保证幼果膨大和花芽分化对以磷为主的各种营养的需求。

(3)果实膨大期(8月上旬至8月中旬)。此时期进入果实快速生长期和花芽形态分化期,为了保证有机营养向贮存器官的积累,促进果实生长、着色和提高花芽质量,确保叶片正常生长,在营养供给上应以磷肥为主,保证中微量元素充分供给,尽量控制氮素,防止秋梢旺长。

(4)果实成熟期(9月中旬至10月下旬)。此时期树梢完全停止生长,进入根系第三次生长高峰,这是果树营养累积和养分回流的关键时期,为了给果树生长贮存充足的营养,施肥以有机肥为主,配合一定量的氮、磷、钾和中微量元素,为果树翌年生长奠定充足的营养基础。

三、施肥管理措施

(一)施肥原则

(1)有机肥与无机肥结合。有机肥不仅养分全面,肥效长,持续供肥能力强,更重要的是提高土壤有机质的含量,促进土壤团粒结构形成,缓解土壤板结,提高土壤肥力,活化根系,促进吸收，改土效果好。以腐殖酸为载体的肥料是一种多功能有机肥料，施入土壤后能改良土壤微生物活性，活化土壤养分，使氮、磷、钾等养分缓慢释放。有机质含量为1%的土壤每年每亩可释放氮素5千克，与化肥配合使用，可提高肥效，减少化肥被固定和流失，与单纯施用化肥相比能够提高化肥的利用率。腐殖酸能够活化土壤中的微量元素，促进果树对微量元素的吸收利用。无机肥料养分种类单纯，有效成分含量高，肥效比较快，但是没有改良土壤的作用，甚至会破坏土壤性状。有机肥和无机肥配合使用能够互相增效，但必须以有机肥为主，无机肥为辅。

（2）大量元素与中微量元素结合。由于果树常年产出，养分消耗基本是一个固定值，不管使用的是什么元素肥料，果树必需的元素须全面。随着树龄增加，土壤中如果肥料供应不足或是施肥营养单一，会造成某些元素缺乏，使果实生理病害越来越严重。如缺锌会患有小叶病，缺硼患缩果病，缺铁患黄叶病，缺钙患苦痘病、痘斑病、水心病，缺镁果实发育不良、个头小、成熟晚、无香味、着色差、不耐贮藏等，缺硅易受病害的影响，发生腐烂、干腐、根腐、果腐等。因此，施肥要做到"控氮、减磷、增钾、补钙"，并适量使用中微量元素肥料。

（3）矿质元素与微生物肥、调理剂结合。由于长期使用无机肥料导致土壤板结，使土壤中多数生命物质受到极大破坏，抑制了土壤养分、能量的分解、合成和转化，抑制了土壤有机质的降解。只有向土壤中补充一定数量的微生物菌肥，才可对土壤有改良的作用。长期施用化肥的果园，增产作用不明显，说明营养物质已经在土壤中产生富集作用，土壤活性已发生改变。肥料和土壤调节剂施入能够提高肥效，减少肥力流失，缓解环境污染，而且还可以降低化肥对土壤的破坏程度，增强作物抗性，改善果实品质，提高果品产量，增加农民收益。

(4) 基肥和追肥结合。基肥就是果园中的基础肥料，要求以有机肥为主，施用时间要早，数量要足，养分要全，施得要深，以增加树体贮藏营养为目的。追肥要以速效养分为主，促进长枝长叶、果实膨大、花芽分化、细胞分裂。如要想收获优质苹果，细胞分裂分化中的各种成分都不能缺，这就是秋施基肥的重要性。秋施基肥量一般要占到全年施肥总量的70%，磷、钾、中微量元素与有机肥一同施入，而在春季施入少量氮肥，钾肥也可在果实膨大期施入，就能发挥最大效果。追肥量应该占到总量的30%左右，在生长中、前期分2~3次追施。

(二) 施肥量的确定

(1) 因产施肥。以苹果为例，每年养分吸收量近似于树体养分含量与第二年新生组织中养分含量之和。有研究表明，苹果树的最佳施肥量是果实带走量的2倍，因此确定苹果施肥量最简单可行的办法是以结果量为基础，并根据品种特性、树势强弱、树龄、立地条件以及诊断的结果等加以调整（姜远茂等，2002）。

研究表明，每生产100千克果实需要补充纯氮（N）0.5~0.7千克、磷（P_2O_5）0.2~0.3千克、钾（K_2O）0.5~0.7千克。例如，产量为3 000千克的果园需要补充尿素37.5~52.5千克、过磷酸钙50~75千克和硫酸钾30~42千克。同时，还要考虑氮、磷、钾的配合比例，在渤海湾产区苹果幼树期氮、磷、钾的配比是2∶2∶1或是1∶2∶1，结果期为2∶1∶2；在黄土高原产区，由于干旱少雨，土壤有效磷、速效钾含量较低，施用磷、钾后增产效果显著，氮、磷、钾的配比是2∶1.5∶2。

根据养分平衡法（目标产量法），在实际生产中，具体的施肥量公式为：

$$每田施肥量=\frac{（每亩目标产量\times 单位产量吸收量-土壤供肥量）}{肥料的养分含量发\times 肥料利用率}$$

（2）因树施肥。果树常被划分为4种营养类型，即丰产稳产树、弱树、幼旺树和大旺树。丰产稳产树的指标为：树体营养水平高而稳，修剪后每亩枝条为7万~9万条，其长枝比例为8%~10%（长度30~40厘米，秋梢占新梢的20%~25%），中枝20%~22%，短枝70%左右。弱树的指标为：树体营养水平低，长枝少而短（长度20厘米以下，比例不到总枝量的5%），中枝与短枝比例超过95%，花芽多，但是坐果率和产量低。幼旺树的指标：树体贮藏营养少，长枝占总枝量50%以上，秋梢占新梢72%以上，花果少，多为腋花芽，地下长根多。大旺树的指标为：树体贮藏营养少，枝量大，营养生长旺盛，长枝比例大于15%（长度50厘米以上），短枝小于20%，其余多为中枝。对旺树必须限制氮肥施用量，一般应减少20%~25%，以平衡树势。树势特别强时，禁止施氮；树势弱时，要迅速恢复树势，必须在增施氮肥和改土的同时，从栽培技术如整形修剪及疏花、疏果等方面入手，以调节树势。

（3）因土施肥。根据果园土壤有效成分与产量品质关系的研究结果制定了果园土壤分级标准。施肥量确定时，土壤有效养分在中等以下时，要增加25%~50%的施肥量，在中等以上时，要减少25%~50%的施肥量。

(三) 施肥时期

（1）基肥（9月上旬至10月下旬）。9月上旬到10月下旬这段时间是果树第三次根系生长高峰期，增施有机肥为主的基肥，可为翌年春季萌芽、开花、坐果提供充足养分保证，是实现果树稳产、丰产、优质最重要的物质基础。在果园面积大、有机肥匮乏的情况下，积极推广果园种植绿肥、生草和覆草技术，并投入有机肥。

有机肥施入时间以中晚熟品种采收后、晚熟品种采收前为最佳。中晚熟品种采收后20~30天或是晚熟品种采收前20~30

天施入所需要的速效肥料，此时正值果实膨大期，补充一定量的速效肥有利于果实膨大、着色、提高品质，果实采收后立即施入速效肥料，此时正值果树根系生长高峰期，肥料很快被吸收利用。

基肥要以有机肥为主，同时可将全年所需氮肥的50%左右、磷肥的全部和钾肥的35%~50%与基肥一同施入。一般每亩施用优质有机肥4 000~5 000千克。

（2）追肥

第一次追肥：春季开花前后（3月下旬至4月上旬）。此时期随气温升高，果树根系第一次生长高峰到来，大量吸收土壤中的各种营养，与根系贮存的营养一同运送到枝芽、花器等器官，大量的营养器官开始生长，此时期追施以氮肥为主、磷钾肥配合的速效肥料可增加树体营养，满足果树萌芽、开花、坐果、长新枝等要求。一般每亩施用尿素15~20千克、硫酸钾15千克、过磷酸钙20~30千克，使用后有条件的及时浇水。

第二次追肥：夏季花芽分化期（5月下旬至6月上旬）。此时期为果树根系第二次生长高峰期以及花芽分化期、幼果膨大期，追肥以磷肥为主、其他中微量元素肥料配合，可提高细胞液浓度，促进花芽形成和幼果膨大，减轻病虫为害，为当年产量和质量提高和翌年产量增加奠定良好的营养基础。一般每亩施磷酸氢二铵25~30千克、硫酸钾15千克，可追施土壤调节剂或腐殖酸有机无机复合肥。此时期如果干旱要灌水施肥，生草果园应及时割草覆盖树盘。

第三次追肥：秋季果实膨大期（7月下旬至8月上旬）。此时期追肥在于增加果树产量和提高果实品质，促进着色，提高硬度。追肥以速效钾肥为主，施入年总需钾量的35%~50%，追肥时间中熟品种7月上旬、晚熟品种8月上旬比较适宜。一般每亩施用钾肥为主的果树专用肥或复合肥50~75千克，以促进果实膨大、着色，提高品质。

第二节　苹果树减量增效技术

一、苹果树施肥

测定苹果树土壤养分状况，根据土壤肥力应用测土配方施肥技术确定施肥量和施肥方法，或采用推荐施肥量。每亩氮肥用量为24~36千克（折合尿素为52~78千克），磷肥用量为6.4~9.6千克（折合磷酸二铵为14~21千克），钾肥用量为12.8~19.2千克（折合硫酸钾为26~39千克），腐熟的优质农家有机肥料用量为4 000~5 000千克。

（1）基肥。腐熟的优质农家有机肥料用量为4 000~5 000千克/亩，全部作基肥，配合适量的化肥。基肥的施用时间一般在上一年的9—10月进行，有利于果树充分吸收利用，确保果树健壮生长。施肥方法一般采用环状沟施法或放射状施肥。施肥沟深度以30~60厘米为宜。

（2）追肥。追肥应以速效化肥为主，根据土壤肥力状况、树势强弱、产量高低以及是否缺少微量元素等来确定施肥种类、数量和次数，每年追肥1~2次。

①花前肥在早春萌芽前进行，肥料以施氮肥为主，配施适量的磷钾肥，以满足花期所需养分，提高坐果率，促使新梢生长。

②花后肥应在花谢后进行，肥料以磷钾肥为主，配施适量的氮肥，以减少生理性落果，促进枝叶生长和花芽分化。

③果实膨大期追肥以施钾肥为主，配施适量的氮磷肥，以增加树体养分的积累，促进果实膨大，确保着色和成熟，提高果品产量和质量。

追肥方法一般采用放射状沟施肥和环状沟施肥法。施肥沟深度一般为 15~20 厘米，施入肥料后盖土封严，若土壤墒情差，追肥要结合浇水进行。

为了迅速补充果树养分，促进苹果增个、保叶，可采取根外追肥的方法。将肥料溶液喷洒在苹果树叶片上，通过苹果叶片吸收利用，保证苹果正常生长和预防缺素症。追肥时间一般应在 9:00—11:00 点或 14:00—16:00 进行，避开中午高温阶段，喷洒部位应以叶背为主。尿素在萌芽、展叶、开花、果实膨大至采果后均可喷施，施用浓度早期用 0.2%~0.3%，中后期用 0.3%~0.5%。磷酸二氢钾，喷施浓度早期用 0.2%，中后期用 0.3%~0.4%。

二、苹果树的中量、微量元素失调及矫治

苹果树体中营养元素含量不足或比例失调都会产生营养障碍，引起各种生理病害。矫治苹果树的营养障碍首先应进行树体营养诊断，可依据叶片分析数据来判别树体的营养状况。

（1）钙。苹果缺钙一般施用钙肥加以矫治。生产中可以石膏、石灰、过磷酸钙和其他钙质肥料与有机肥一起作基肥，也可采用根外喷施方法。据研究，采前 8 周以 0.3%硝酸钙水溶液喷施，连喷 4 次，每次间隔一周，可以有效地防治苦痘病。周厚基等试验证明，盛花后 3 周、5 周和采前 10 周、8 周，一年 2~4 次对苹果树喷施 0.5%的硝酸钙，可使水心病病果率从 25%下降到 8%。对于水心病的防治除上述方法外，施用硝酸磷肥或硝铵磷复合肥也可以减轻水心病的发生，单施钾肥有加重水心病的趋势，适时早采也可以减轻水心病的发生。

（2）硼。当苹果叶片含硼量为 0.2~5.1 毫克/千克就可能出现缺硼症。缺硼时，苹果树可以繁花满树而果实稀少，同时，根尖、茎尖受害，新梢尖端枯萎，枝条回枯，严重时可枯死到

三年生枝。缺硼时普遍出现"枯梢""簇叶""扫帚枝",果实出现缩果病,果肉和果实表面出现木栓、干斑。但是,硼过量会促进果实早熟并增加落果量,严重时,叶片全部呈褐色、干枯而死。

矫治苹果缺硼,可在盛花期喷0.2%~0.4%的硼砂溶液。缺硼严重的树,可在萌芽前向土壤施硼砂,每株施100~250克,施后,可显著增加坐果率,提高单果重和总产量。

(3) 铁。苹果叶片中含铁量低于150毫克/千克就可能缺铁,出现缺铁症。苹果缺铁时幼叶首先出现失绿黄化现象。开始叶脉为绿色,叶肉黄化,严重时叶脉也黄化,叶片出现褐色枯斑,最后枯死脱落。缺铁苹果树的树势衰弱,花芽形成不良,坐果率差。

关于苹果缺铁症矫治,至今还没有理想的方法。某些方法常常是治标不治本或仅引起缓解和减轻作用。国外常用的螯合铁有乙二胺四乙酸铁、二乙酸铵五乙酸铁,因价格昂贵,生产上无法广泛使用。国内常用的螯合铁有黄腐酸铁、尿素铁等,喷施螯合铁数次,有较好效果。用0.1%~0.5%乙二胺四乙酸铁注射树干也有明显效果,一星期内黄化叶子可以复绿。硝酸亚铁、硝酸亚铁铵、氨基酸铁、柠檬酸铁,也有不同程度的效果。采用绿肥、有机肥覆盖树干周围的土壤,对矫治苹果树缺铁黄化也有一定的成效。

(4) 锌。苹果树缺锌时新梢或枝条生长受阻,出现小叶病,叶片狭窄、质脆、小而簇生。有的枝条只有顶端几个芽眼生出簇叶,其他芽眼不长叶或叶片脱落,呈"光腿"现象,严重缺锌时枯梢,病枝花果少、小,且畸形。

矫治苹果小叶病的主要措施是施锌肥。常用锌肥有硫酸锌、氧化锌、氯化锌。在生长期内,特别在盛花后3周左右喷施0.1%~0.3%硫酸锌有良好效果,锌溶液中加入0.5%尿素的效果更为明显。环烷酸锌（300毫克/千克）和尿素（300~500毫克/千克）混合喷施也有较好效果。

第三节 梨树减量增效技术

取土测定土壤养分状况，根据土壤肥力应用测土配方施肥技术确定施肥量和施肥方法，或采用推荐施肥量。每亩氮肥用量为28.8~38.4千克（折合尿素为63~84千克），磷肥用量为20.7~27.6千克（折合磷酸二铵为45~60千克），钾肥用量为28.8~38.4千克（折合硫酸钾为58~77千克），腐熟的优质农家有机肥料的用量为4 000~5 000千克。

一、基肥

秋季采果后至落叶前结合深耕深翻施入土壤中，以有机肥为主配合适量化肥。其中，氮、钾肥占总施肥量的50%，磷肥占总施肥量的70%。

二、追肥

我国梨园通常根据树势在下列各时期中选择2~3个时期追肥。

（1）花前追肥。早春芽萌动、开花、发叶、抽枝都需要消耗大量的养分，新梢开始生长时，树体贮藏的养分基本用完，此时需要大量的氮素供应。此次追肥以氮肥为主。如果树势强壮，花芽太多，为了控制花果量也可不施用花前肥，改施用花后肥。

（2）花后追肥。在花期内或花后新梢旺盛生长期之前施用。目的在于促进枝叶生长和促进花芽分化。肥料用量不宜过多，以免引起新梢生长过旺，影响花芽和果实的膨大。

（3）果实膨大追肥。通常在春梢生长停止前施用，除了施用氮肥外还要施用磷钾肥，特别是钾肥，避免偏施氮肥，影响果实的品质。

第四节　葡萄减量增效技术

取土测定土壤养分状况，根据土壤肥力应用测土配方施肥技术确定施肥量和施肥方法，或采用推荐施肥量。每亩氮肥用量为36~48千克（折合尿素为78~104千克），磷肥用量为24~36千克（折合二铵为52~78千克），钾肥用量为28.8~43.2千克（折合硫酸钾为58~86千克），腐熟的优质农家有机肥料的用量为4 000~5 000千克。

一、基肥

葡萄落叶后到萌芽前，只要土壤不上冻都可施基肥，一般秋冬施比春施好，秋施比冬施好，秋施又以收获后尽量早施好。一般基肥用量为全年肥料用量的40%~60%，有机肥全部作基肥，配合施用磷、钾肥，深施于根系密集层。值得注意的是，巨峰葡萄开花时，如若树体氮素过多，则新梢生长过旺易引起大量落花，而基肥中氮在开花时又被大量吸收，因此，对巨峰葡萄应控制基肥中氮的用量。

二、追肥

根据土壤的肥力状况和树的长势，葡萄通常每年追肥2~3次。

（1）萌芽肥。芽眼膨大时根系大量迅速活动前（开花前）进行第一次追肥。一般以氮肥为主结合施磷、钾肥，以促进花芽继续分化使芽内迅速形成第二、第三花穗。巨峰葡萄应根据树势控制氮肥用量,防止大量落花。

(2)壮果肥。在 5 月下旬,落花后幼果开始膨大,追肥的目的是促进果实迅速膨大,一般以氮肥为主结合施钾肥。

(3)催果肥。浆果期进行第三次追肥,在 7 月中旬,可提高果实含糖量、改善品质、促进成熟。追肥以钾肥为主,根据树势适当施氮、磷肥。如果树势健壮、枝叶繁茂可以不施氮肥。

在葡萄生长发育过程中,还可以根据树势情况进行根外追肥,花前一周可叶面喷施 0.2%磷酸二氢钾和 0.3%硼砂,能提高坐果率。坐果后到成熟前,喷 2~3 次 0.3%磷酸二氢钾,能提高产量、改善品质。对缺铁失绿的葡萄,可喷施硫酸亚铁或柠檬酸铁等矫正缺铁症状。

三、葡萄的中量、微量元素失调及矫正

(1)钙。葡萄需钙量比较大,果实中含钙高达 0.57%,高于苹果。钙对调节葡萄树体的生理平衡具有重要的作用。葡萄缺钙时幼叶皱卷,呈淡绿色,脉间有灰褐色的斑点,叶缘部位出现针头大的坏死斑点,新梢顶端枯死,根部停止生长甚至腐烂。

葡萄缺钙的预防与矫治方法:避免一次大量施用钾肥和氮肥;叶面喷施钙肥,如叶面喷洒 0.3%的氯化钙水溶液。

(2)镁。葡萄对镁的需要量也较多,叶片含镁 0.23%~1.08%,果实中含镁 0.01%~0.025%。缺镁时易出现失绿黄化斑,多发生在生长季节后期,从植株老叶开始发病,最初老叶脉间褪绿或出现黄色斑点,严重时整个叶片变成黄色,或叶片坏死脱落。

葡萄缺镁的预防与矫治方法:要定时施足有机肥料,对成年树也应在入冬前施用优质有机肥料;缺镁严重的葡萄园应适当减少钾肥的用量;在植株开始缺镁时叶面喷施 3%~4%的硫酸

镁,生长季节喷3~4次;缺镁严重的土壤可施用硫酸镁肥料。

(3)硼。葡萄需硼量较高,对土壤缺硼相当敏感,土壤有效硼的含量小于0.5毫克/千克时,葡萄不能正常生长。硼能提高坐果率,提高果实中维生素和糖的含量。葡萄缺硼时生长点死亡,小侧枝增多,枝条节间短而脆,茎的顶端肿胀,卷须坏死,果穗稀疏或果不育,幼果果肉变褐。缺硼的症状容易在早春和夏季出现。

葡萄缺硼的预防与矫治方法:生长期喷施0.2%的硼砂溶液;秋施基肥时施用硼砂或硼酸,每亩施用1.5~2千克。

(4)锌。葡萄对锌也比较敏感,缺锌时易得小叶病,新梢生长量少,叶梢弯曲。落花落果严重,果粒大小不一。

葡萄缺锌的预防与矫治方法:花前2~3周喷碱性硫酸锌,用喷雾湿润整个果穗和叶的背面。碱性硫酸锌的配制方法,将480克硫酸锌和359克喷雾石灰加到100千克水中。

(5)铁。葡萄缺铁时影响叶绿素的形成,先是幼叶失绿,叶脉间黄化,具绿色网脉。缺铁严重时叶片变黄,甚至白色,叶片严重褪绿部位常变褐色或坏死。新梢的生长量减少。花穗和穗轴变浅黄色,坐果不良。

葡萄缺铁的预防与矫治方法:叶面喷施0.5%的硫酸亚铁溶液,可根据情况每隔20~30天喷施一次。用硫酸亚铁涂抹枝条,浓度为每升水中加硫酸亚铁179~197克,修剪后涂抹顶芽以上的部位。

第六章 茶树化肥减量增效技术

第一节 茶树作物养分需求特点

一、茶树的生产现状

茶是人们日常生活中的健康饮料,是世界上无酒精的三大软饮料之一(茶叶、咖啡、可可)。茶树属于多年生植物,我国是茶树的原产地,是最早发现和利用茶的国家,经历了从药用到饮用、从利用野生茶树到人工栽培的过程。此外,我国是世界上第一大茶叶种植国、生产国和贸易国,拥有较大的茶叶种植面积及消费水平。同时,茶树也是我国重要的经济作物,全国有20多个省份1 000多个县产茶,茶叶生产在地方经济中占有重要的地位,种茶已成为贫困山区农民脱贫致富的重要途径之一。

二、茶树养分需求特点

在茶树的整个生育周期内,新梢经过不断的采摘,茶树体内的营养物质大量消耗,茶园土壤中的各种营养元素相对有限,不能满足茶树生长发育的需求。因此,在茶树栽培过程中,应根据茶树的营养特点、需肥规律、肥料特性等,科学合理地针对茶园进行施肥,满足茶树的生育需求,提高茶叶的产量和品质。

茶树消耗最大的营养元素与其他作物一样，为氮、磷、钾三元素，所以施肥补充的主要也是这三大元素，另外，也需要补充一些微量元素。

（一）氮素营养

氮是茶树中含量最高的矿质元素，在茶树全株中的含量占干重的 1.5%~2.5%，以叶片含量最高，占干重的 3%~6%，特别是在分生组织的芽端、根尖和形成层含量较多。氮素能够直接或间接影响茶树的新陈代谢和生长过程，如光合作用、新梢的生长、叶片的伸展等，氮素供应充足时，促进茶芽萌发和新梢生长，营养生长旺盛，增加新梢轮次，延长采摘时间，提高茶叶产量。

茶树一年四季都不断地从土壤中吸收氮素。在长江中下游地区，茶树 4—9 月所吸收的氮素主要用于地上部分的生长，其中春茶生长消耗的最多；10 月到翌年 2 月所吸收的氮素主要贮存在根系中。茶树不同器官对氮素的需要时期亦有差别：根需氮时期主要在 9—11 月；茎需氮时期主要在 7—11 月；叶需氮时期主要在 4—9 月。

（二）磷素营养

磷在茶树全株中的含量占干重的 0.3%~0.5%，茶树各器官中磷含量一般表现为：芽>嫩叶>根>茎。而生长季节不同，茶树各器官的磷含量也有差异，春茶芽、叶含磷量可达 0.8%~12%，秋后老叶及落叶则在 0.5% 以下。在地上部分生长季节，根系的含磷量仅为 0.6% 左右；当地上部分处于休眠时（生长缓慢或停止），根系磷含量可达 0.8%~1.2%。茶树体内的许多生理过程，如光合作用、呼吸作用及生长发育，尤其是体内的各种酶促反应和能量传递，均需要磷的参与。磷能促进茶树幼苗生长和根系分枝，提高根系的吸收能力，对茶叶产量和品质有较大影响。

磷素对茶叶品质的提高,在于它能提高水浸出物和咖啡因的含量,并体现在香气和滋味的提高上。

茶树对土壤中的磷全年都可吸收,6—9月对磷的吸收强度较大,其中7—8月是吸收高峰期。地上部处于旺盛生长期间,根吸收的磷主要分配到新生器官的幼嫩组织中,而秋冬季茶树吸收的磷多贮存于根系中,待翌年春季再输送到地上部分供春梢生长利用。

(三)钾素营养

钾在茶树全株中的含量占干重的0.5%~1.0%,茶树各器官的含钾量一般表现为:芽叶>根系≥老叶>茎。钾以离子(K^+)状态被茶树根系吸收,在茶树体内大都呈离子态,部分在原生质中呈吸附态,有较强的移动性和被再利用能力。茶树中以钾为活化剂的酶有60多种,参与多种生化过程,对茶树的光合作用和氮代谢有着重要作用。钾在茶树体内起着维持细胞膨压、保证各种代谢过程顺利进行的作用,同时能够提高茶树的抗旱和抗寒能力,促进伤口愈合。

在年生育周期中,茶树对钾吸收全年都在进行,其中3—4月吸收量最高,以后逐渐下降,茶树生长期间的4—10月,是茶树吸收钾量最多的时期,占全年总吸收量的80%~90%。

(四)中微量元素

除了上述氮、磷、钾3种大量元素外,镁、铁、钙、钠、硫以及硼、锰、钼、铜、锌等中微量营养元素对茶树同样起着不可替代的作用。它们虽含量不多,但对促进茶树新陈代谢,提高酶的活性,对各种有机物、维生素、生长素的合成、转化、贮运等都有重要作用。同时,它们之间各自的生理功能又是不可互换代替的,都要充分满足才能使茶树正常生长发育。例如,钙素对细胞壁的形成、硫元素对含硫氨基酸的合成、镁元素对增强光合作用强度等均有重要作用。

三、影响茶树养分吸收的因素

施肥是直接影响茶园产量提高的重要因素，因此施肥是否科学合理对茶园生产十分重要。目前，大多数茶园存在施肥不合理的现象，影响肥料利用率的同时增加投入成本，主要表现在施肥管理、外界环境条件两方面。

（一）施肥管理

根据茶树的营养特性及需肥规律，茶树施肥时期分为"一基三追"，即冬季休眠期基肥、春茶萌发前追肥、春茶过后追肥以及夏茶过后追肥。基肥也就是常说的越冬肥，一般在9—10月施用，此阶段根系活力较强，有利于养分的吸收贮存供翌年生长所需，同时此阶段合理供应养分对翌年的春茶萌芽有重要作用。3次追肥时间分别在3月上旬、5月下旬、7月下旬，原因是这3个阶段由茶叶采摘带走的养分急需肥料的补充。据调研得知，多数农户选择在12月一次基肥、5月一次追肥的方式，对于基肥，施用时间较晚，错过了根系吸收养分的最大效率期；对于追肥，大多数农户对春茶前（3月）以及夏茶后（7月）的追肥重视度不够，影响茶叶产量和品质。

在茶叶实际生产中，农民使用的肥料种类较多。经调查发现，复合肥的施用比例在90%以上，其次是单质肥，而有机肥以及微量元素肥料施用较少。在基肥的施用时期，农民使用复合肥较多，忽略有机肥作基肥对茶树生长的重要作用；在追肥时期，施用的复合肥多为通用型肥料（氮、磷、钾比例为15∶15∶15，14∶16∶15或17∶17∶17等），其次是高氮型肥料（氮、磷、钾比例为25∶10∶16或20∶0∶5等），相对于茶树是需氮肥较多的多年生植物，通用型肥料的施用不能满足茶树生长的需求，导致养分比例的不平衡，同时在一定程度上造成肥料浪费，特别是磷、钾肥，随着通用型肥料的施用，出现了磷、钾肥的过量，利用率较低、增加生产成本。

合理的肥料施用量不但可以节约投入成本，而且对肥料的利用率、产量和品质的提高有一定的带动作用。研究表明，一年产鲜叶 3 750～5 250 千克/公顷的茶园，施氮肥 150～195 千克/公顷、磷肥 75～90 千克/公顷、钾肥 105～120 千克/公顷。在茶园实际生产中，肥料的投入量较大，茶园施肥强度较大造成肥料的浪费，有很大的化肥减施空间。

同样，施肥的方式决定着肥料进入土壤被茶树根系吸收利用率的高低。由于成年茶树根系较为发达，在施肥过程中多数选择以茶树行间地面撒施和茶蓬上叶面撒施为主，不合理的撒施方式会影响茶树对肥料的吸收利用效率，增加肥料的浪费，此外叶面撒施的肥料主要落于根部主根位置，不利于茶树侧根对肥料的吸收，同时会对叶子造成肥害，烧伤茶叶。

（二）外界环境条件

除施肥管理直接影响因素外，外界环境同样影响着养分吸收，如水分、温度、湿度、地形地势、土壤条件等。南方的茶园多依靠自然降水补充水分，灌溉较少，夏秋季干燥的土壤环境不利于养分的吸收利用。茶园的高坡高海拔的地理环境同样影响着养分吸收，坡度较大的茶园不利于养分、水分的贮存，易造成养分的流失，从而降低吸收效率。

茶园生长的土壤环境作为茶树生长的介质，土壤质量的好坏决定着养分吸收利用的强弱。茶树生长良好的土壤环境是需要疏松、有机质含量高、通透性能良好、保水保肥能力强的土壤，对于土壤板结程度高、有机质含量低的土壤要通过一定的技术措施加以改良。

第二节 茶园化肥减量增效技术

一、优化施肥原则

重视有机肥,有机肥与无机肥配合施;重视基肥,基肥与追肥配合施;重视春肥,春肥与夏、秋肥配合施;重视氮肥,氮肥与磷、钾肥及微量元素肥配合施;重视根部肥,根部施肥与根外追肥配合施。

二、施肥数量

(1)低施肥量。每采收100千克干茶,吸收土壤纯氮约4.5千克。一般从茶园采收100千克干茶应补偿10千克纯氮,才能维持土壤原有肥力水平。如预计每亩产150千克干茶,应施15千克纯氮,其中,5千克作基肥、10千克作追肥。

(2)中施肥量。每采收100千克干茶,补施12.5千克纯氮,1/3作基肥,2/3作追肥。

(3)高施肥量。每采收100千克干茶,补施15千克纯氮,1/3作基肥,2/3作追肥。有机肥,如菜饼、厩肥、堆肥、绿肥等,应每年或隔年基施,也可作为隔行施,并结合施磷、钾肥,于秋茶后施入。用量一般为采摘茶园每亩施饼肥150千克或土杂肥1 500千克。

三、施肥次数与配比

在茶园施肥中,追肥次数可适当多些,使土壤中有效氮含量的季节分布比较均衡,在茶树生长的各个高峰能吸收到较多的养分,以利于增加茶叶全年产量。每年施2次的为:春茶前施60%,夏茶前施40%。每年施3次的为:春茶、夏茶、秋茶前，分别施 40%、30% 和 30%，或 50%、25% 和 25%。每年施 4 次的为：春茶前施 40%，夏茶前 20%，三茶前施 20%，四茶前施 20%。氮、磷、钾的配比在（2~4）：1：1 的变幅内灵活选用。

四、有机基肥施用方法

（1）深度。深挖 20~25 厘米肥料沟施。质地黏重的黄泥土，可适当深施以利改土培肥，使根系深扎；沙质土宜适当浅施，以减少淋溶损失。

（2）时间。宜早不宜迟。以浙江省杭州茶区为例，一般在寒露，即 10 月 8 日前后即可施基肥，最晚不过立冬，即 11 月 8 日左右。如与秋收、冬种劳动有矛盾，可提早至 9 月下旬进行。

五、化肥使用方法

（1）深度。常用的碳酸氢铵易挥发，沟施深度应达到 10 厘米，并随施随覆土。尿素可适当浅施。

（2）时间。碳酸氢铵作春肥，适用期为茶芽鳞片至鱼叶开展时，即早芽品种 2 月下旬至 3 月上旬，中芽品种 3 月中旬，迟芽品种 3 月下旬至 4 月上旬。尿素比碳酸氢铵提前 5~7 天施。夏、秋季追肥，应选择在茶叶采摘高峰后施入。杭州茶区夏季追肥一般在 5 月下旬，秋茶在 7—8 月，但不宜伏旱期施肥，应施在伏旱前后。

第七章 农药减量增效基础知识

第一节 农业节药技术概述

农药是重要的农业生产资料,对防病治虫、促进粮食和农业稳产高产至关重要。但由于农药使用量较大,加之施药方法不够科学,带来生产成本增加、农产品残留超标、作物药害、环境污染等问题。

一、农药对农业生产的贡献

了解农药对农业的贡献,能让人们正视农药在农业生产中发挥的重要作用,厘清农药和环境的诸多关系,为明确农药的发展方向奠定基础。

(一)农药对农业的贡献大

农药由于其在防治农作物病、虫、草、鼠害方面具有高效、快速、经济和简便等特点而被世界各国广泛应用。我国年均使用农药28万余吨(折百,即折纯),施用药剂防治面积达3.2亿公顷。通过使用农药,每年可挽回粮食损失4 800万吨、棉花180万吨、蔬菜5 800万吨、水果620万吨,总价值在550亿元左右。近年来,由于许多高效、低毒、低残留的新农药的出现,农药使用的投入产出比已高达1∶10以上,一般农药品种的投入产出比也在1∶4以上。由此可见,农药在现代农业生产中的作用是巨大的。

(二) 提高粮食单产离不开农药

据估算，到 2050 年我国每年需粮食 7.2 亿吨，即需从目前正常年份的约 4.8 亿吨净增粮食 2.4 亿吨，在可耕地面积不变的情况下要求粮食亩产应比目前的水平提高 33% 以上。提高单位面积粮食产量，必须依靠品种改良、栽培技术提高、水源保证、中低产田改良，以及农机、化肥、农药和农膜等生产资料的投入。上述农业生产技术和生产资料缺一不可，且需有机结合。广泛推广应用农药，尽可能减少由病、虫、草、鼠等有害生物为害造成的占总产量 30% 的损失，是最现实、最可行的措施之一。

(三) 农药应用促进农业现代化

农药的使用量与一个国家或地区社会经济的发展呈正比。美国是世界上农业最发达的国家，也是生产和使用农药最多的国家，农药销售额一直位居世界首位。日本耕地面积 510 万公顷，不足中国 1.35 亿公顷的 1/26，且由于劳动力、效益等原因导致的农田荒芜面积占耕地面积的 7%，然而农药销售额却高达 34.38 亿美元，是中国农药销售额的 1.75 倍。法国耕地面积 0.18 亿公顷，约为我国耕地面积的 1/7，其农药销售额却是我国的 1.95 倍。由此说明，我国目前农药消费远不及世界农业发达国家，市场潜力巨大。

(四) 农药开发和使用的发展趋势

农药作为现代农业的重要组成部分，其贡献和危害同时存在，若能科学合理使用，则对保障粮食增产、农民增收和农产品有效供给起到不可替代的作用。若使用不当，则会导致农产品农药残留超标，污染生态环境，给人类健康带来隐患等一系列问题。如何提高农药利用率，节约使用农药，发展高效、低毒、环境友好型农药，替换并取代高毒农药等都是未来农药发展的必然趋势。

二、农药对环境的危害

在很长一段时期内，人们对农药的使用仍主要着眼于其对有害生物的防治和提高经济效益，而对农药使用后进入生态环境中，乃至留存于人们的食物中可能产生的不良影响等均未给予重视。直到20世纪40年代使用大量化学合成农药后，才引起人们对这些方面问题的关注。

（一）农药对环境的污染

我国是世界农药生产和使用大国，且以使用杀虫剂为主，农药的施用致使不少地区土壤、水体和粮食、蔬菜、水果中农药的残留量大大超过国家安全标准，对环境、生物和人体健康构成了严重威胁。主要表现在：一是对大气的污染。农药经喷洒形成的大量飘散物，大部分附着在作物和土壤表面，还有相当一部分则通过扩散分布于周围的大气环境中，污染了大气。二是对水体的污染。农药对水体的污染主要来自以下几个方面：水体直接施用农药；农药生产企业向水体排放生产废水；农药喷洒时农药微粒随风飘移降落至水体；环境介质中的残留农药随降水和径流进入水体。此外，农药容器和使用工具的洗涤也会造成水体污染。三是对土壤的污染。田间施药的大部分会进入土壤环境中，另外大气中的残留农药与喷洒时附着在作物上的农药，经雨水淋洗也将进入土壤之中，用已受农药污染的水体灌溉农田以及地表径流等也都是造成农药污染土壤的原因。四是对农作物和食品的浸染。土壤中农药的残留与农药直接对作物的喷洒是导致农药对作物和食品浸染的主要原因。作物通过根系吸收土壤中的残留农药，再经过植物体内的迁移、转化等过程，逐步将农药分配到整个作物体中。或者通过作物表皮吸收附着在作物叶面上的农药进入作物内部，造成农药对作物和食品的污染。

(二) 农药残留对生物的危害

主要表现在：一是农药在植物性食品中的残留。喷洒在植物上的农药，一部分被植物吸收，一部分挥发掉，大部分进入土壤。进入土壤的部分农药由根部吸收进入植物体内，造成农药残留。二是农药在动物性食品中的残留。为了控制病虫害需要施用大量的农药，进而造成了农药在农作物、牧草和饲料等中的残留。用含有残留农药的作物、牧草和饲料去喂养畜禽会造成农药在家畜、家禽体内的残留，有些农药还会在畜禽体内的脂肪中形成累积，使蛋、奶、肉等畜禽产品中含有农药残留。三是农药污染对人体的危害。农药残留也是通过食物链由低级向高级逐步富集的。农药在动植物食品中的富集和残留，最终都汇集在食物链的顶端——人的体内，最终使人受害。

(三) 农药对生态平衡的破坏

主要表现在：一是出现抗药性虫害。一种杀虫剂对某种害虫长期使用，害虫对农药就会产生抗药性。目前，世界各地抗药性害虫的种类已达220多种，如蚜虫和红蜘蛛等。由于害虫抗药性的增强，人类施药次数和使用量不断增加，进而加剧了环境污染。二是农业生态体系中生物群落发生变化。目前，使用的农药多为广谱性农药，在杀死害虫的同时，也杀死了大量的益虫，中毒的昆虫被鸟啄食，又害死鸟类，使害虫的天敌大量死亡，而天敌的繁殖能力远不如害虫，结果反而更加有利于害虫的迅速繁殖，破坏了自然生态系统的平衡。三是生物多样性降低。长期使用农药后，农田生态系统发生的另一改变就是生物多样性降低，即生物相变得更为贫乏、单一。生物多样性降低会使生态系统的稳定性下降，影响生态平衡。

第二节 机械节药技术

现代农药技术的组成离不开3个方面：农药与剂型、施药工艺和施药机械，三者相辅相成，密不可分。机械节药技术主要是通过采用先进的农药施用机械进行精准喷雾作业等，避免施药过程中的"跑、冒、滴、漏"现象，进而实现农药利用率的提高和农药用量的削减。节药机械主要包括：低量静电喷雾机、自动对靶喷雾机、防飘喷雾机和循环喷雾机等。

节药机械作为作物有害生物防治必不可少的工具之一，其发展对提高用药效率、效果，以及确保农产品安全生产等作用重大，而节药机械水平的高低是衡量农业水平和现代化程度的准绳。我国节药机械以经济发达地区发展最为迅猛。从国内外节药机械的发展特点和重点领域来看，我国目前节药机械研发主要侧重于以下3项技术。

一、机电一体化技术

机电一体化是20世纪逐渐形成并迅速发展起来的一门新兴技术。它是建立在机械技术、微电子技术、计算机和信息处理技术、自动控制技术、传感与测控技术、电力电子技术、伺服驱动技术、系统总体技术等现代高新技术群体基础之上的一种高新技术。其突出特点在于它在机械产品中注入了过去所没有的新技术——把电子器件的信息处理和自动控制等功能"融入"到机械装置中去，从而获得了过去单靠某一种技术而无法实现的功能和效果。近年来，机电一体化技术在国外农业机械上得到广泛应用，在我国限于成本等因素，多用于大中型农业机械，小型机械应用偏少。

二、自动对靶施药技术

目前，主流的自动对靶施药技术有两种：一是基于图像识别技术。该系统由摄像头、图像采集卡和计算机组成。计算机把采集的数据进行处理，并与图像库中的资料进行对比，确定对象种类，以控制系统喷药。二是基于叶色素光学传感器。该系统的核心部分由一个独特的叶色素光学传感器、控制电路和一个阀体组成。阀体内含有喷头和电磁阀。当传感器通过测试叶色素差别作物存在时，即控制喷头对准目标进行药剂喷洒。如美国伊利诺依大学农业工程系田磊等人开发的"基于机器视觉的西红柿田间自动杂草控制系统"，据介绍使用该系统能节约用药60%~80%。

三、施药防飘移技术

在施药过程中，控制雾滴的飘移，提高药液的附着率是减少农药流失、降低对土壤和环境污染的重要措施。欧美国家在这方面采用了防飘喷头、风幕、静电喷雾和雾滴回收等技术。

第三节 物理节药技术

物理节药技术是指利用温度、光照、颜色、电磁、声、辐射和其他物理技术手段对农田或仓储中的病、虫、草害等进行防治，进而达到减少农药投入的技术。该技术的运用在一定程度上可以有效替代传统化学农药，减少农药施用量，使农作物增产，并保证农产品的质量安全，有利于改善耕地质量，阻止环境恶化和生态退化，具有显著的环境效益、经济效益和社会效益。

一、热力技术

(一) 高温杀灭技术

高温杀灭是指利用持续高温使防治对象体内蛋白质变性失活，酶系统受到破坏，进而达到杀灭效果。下面以虫害防治为例，对常用防控方法逐一进行举例说明。

(1) 沸水浸烫。该方法适用于消灭数量不多的豆类害虫（如蚕豆象、豌豆象和绿豆象），一般可以将虫子全部杀死，并且不影响后续发芽率。处理时，先将水烧开，将豆子放入适当大小的容器中，随后用沸水浸泡。一般而言，蚕豆浸30秒、豌豆25秒。浸烫过程中必须使水温维持在较高水平，并且每次浸烫的豆子数量不能过多，以保证其受热均匀。待浸烫结束后，将豆子放入冷水中冷却，然后置于通风处摊晒、晾干。

(2) 日光暴晒。日光暴晒是对仓储粮食进行干燥和防霉治虫最为经济有效的方法。一般在温度为50℃左右的情况下，将粮食持续暴晒2~4小时，即可将其中的害虫全部杀死。如果当地日照条件好、气温较低，可利用太阳能人造场地进行晒粮杀虫。该方法简单易行，其具体做法是：在平整干燥的晒场上，先根据粮食数量铺设适当大小的竹帘，再在竹帘上铺设一层黑布。在日照下，待黑布晒热温度升高到40℃左右时，将粮食均匀地平摊在黑布上，厚度为3~5厘米。粮食摊平后，在粮食的上面覆盖一层黑布，再在黑布上面放置竹架，竹架上再覆盖一层塑料薄膜。竹架的高度以能使黑布与塑料薄膜之间达到20~30厘米的空间为宜。薄膜四周要用长沙袋或砖石等镇压物压紧，并要在塑料薄膜的四周留出一些排气孔，供晒热的粮食排出水汽之用，以防止结露，排气孔要在薄膜内出现水汽时打开。使用太阳能人造场与普通日晒法相比，其降低含水率效果提升一倍以上，并且能将粮食中的害虫全部杀死，是一项有效杀灭害虫和降低仓储粮食含水率的经济措施。

（3）远红外杀虫。远红外杀虫是新型的高温杀虫方法，远红外线是波长 2.5~100 微米的电磁波，具有光的特性。通常设备为远红外烘箱，烘箱以电能为热源，通过光学组件转变为远红外线，利用其特有的热效应及穿透力，达到杀虫的目的。照射温度和时间是保证杀灭效果的关键。远红外线照射的能量流可使被照射物体内部和外部均匀受热，快速达到害虫致死高温。

（二）微波杀虫技术

微波杀虫的基本原理是当虫体在高效能的微波作用时，在热效应机理和非热效应机理的双重作用下，最终致使害虫死亡。如德国车荷恩赫农业机械公司研制生产了一种微波灭虫犁，这种犁的犁尖壳内有台 6 000 瓦的微波发射机，该犁用拖拉机或农用车带动，在耕作翻土时，微波通过犁尖发射到土壤中，可消灭 50 厘米深土层中的害虫和病菌，起到对土壤消毒、灭虫的作用。又如河北省高碑店市微生物研究所研制的粮食杀虫灭菌机，采用紫外线和臭氧杀菌相结合的方法对粮食进行处理，由计算机控制全部工作程序。其特点是无药物残留、无环境污染，不破坏粮食固有的营养成分，提高了仓储粮食的品质，延长了粮食保存期。

（三）低温冷冻杀虫技术

低温冷冻杀虫是根据害虫的生活习性，将害虫置于致死低温环境之中，达到杀灭害虫且环保的一项物理治虫技术。低温冷冻杀虫可以根据当地情况，采取仓外冷冻、仓内冷冻或者是仓内外冷冻相结合的方法进行。对玉米象、米象、豆象和麦蛾等隐蔽性储粮害虫，以及锯谷盗、日本蛛甲和螨类等耐寒力强的害虫，杀灭效果较为显著。

二、分离捕集技术

在农业生产中往往利用物理机械装置,并结合光照、色板和性诱剂等手段对病虫害进行靶标式隔离、捕集或杀灭,可大大减少农药的使用量,达到节约农药、保护环境的目的。

(一)机械分离捕集技术

(1)仓储害虫防治。主要是根据害虫和粮食的形状、大小、密度的不同,以及在机械运动中害虫受惊表现出的假死习性,利用风力和筛子等措施将害虫和粮食分开进行防治。主要方法有:一是风车除虫。在粮粒与害虫通过风车时,由于比重和形状的不同,在气流的作用下,比重较小的害虫、尘杂被风吹到了相对较远的地方,而比重较大的粮粒则落至较近处,进而将粮粒与害虫分开。二是筛子除虫。筛子除虫是利用粮粒和害虫的大小、形状不同,选用不同筛孔的筛子,通过过筛使粮粒和害虫发生分离。在我国农村中有着广泛应用的手筛、吊筛和溜筛就属于此类器具。

(2)农业害虫防治。以我国时常暴发的蝗害为例,目前应用最为广泛的是适于治理草原蝗害的负压气流吸捕机械化灭蝗技术。该技术利用拖拉机动力输出轴驱动风机产生较强负压气流,在行走过程中实现对草地蝗虫的吸入式捕集。目前主要有:青海省机械科学研究所的徐萌生等人研制了气吸式草原蝗虫捕集机;马耀等人研制了一种草原蝗虫吸捕集机、适于农耕地的气吸式灭蝗机;姚福祥研制了一种高速灭蝗采蝗汽车等。其中适于农耕地的气吸式灭蝗机每天可以灭蝗 6~8 公顷,成本仅为每公顷 10~15 元。

(二)食饵诱杀

主要方法有:一是毒饵诱杀。如在耕作定植前,用 90% 美曲膦酯晶体可大量杀死地老虎和蝼蛄等。二是糖醋液诱杀，取糖6份、食醋3份、白酒1份、90%美曲膦酯晶体1份、水10份充分混匀，装入广口容器中，放于田间可诱杀甘蓝夜蛾、地老虎等成虫。此外，还可以用苍蝇纸诱杀潜叶蝇。

（三）潜所诱杀

利用害虫的生活习性，营造各类符合其习性的场所，引诱害虫潜伏或越冬，并予以消灭。如谷草把诱杀，在东北，将高粱秸或玉米秸每五六捆架成三脚架，或以0.67米长的谷草扎紧一端成0.067~0.1米粗的草把，引诱黏虫蛾子潜伏，清晨检查、消灭。又如杨柳枝诱杀，将长约60厘米、直径1厘米左右半枯萎的杨柳枝或榆树枝每10枝捆成一束，基部一端绑一根木棍，每亩插5~10束枝条，并蘸90%敌百虫300倍液，该法可诱杀烟青虫、棉铃虫、黏虫、斜纹夜蛾和银纹夜蛾等害虫。

（四）作物诱集

将害虫喜欢的植物栽种在田间小块土地上，引诱害虫群集取食或集中产卵，并伺机加以消灭。例如，在大片茄园附近种植少量马铃薯，以诱杀马铃薯瓢虫。在棉田间作玉米，诱集棉铃虫在玉米上产卵，并予以消灭。

（五）光照诱捕

利用昆虫的趋光性，应用光线诱杀农业害虫是一项重要的物理防治措施，也是综合防治的重要组成部分。我国20世纪60年代开始推广的黑光灯诱杀成虫技术取得了很好的成效。

最近，频振式杀虫灯开始在一些地区引进推广。频振式杀虫灯借鉴黑光灯的基本原理和应用经验，利用害虫的趋光波特点，将频振波作为一项诱杀害虫成虫的新技术加以应用，并将光的波长范围拓宽至320~400纳米，增加了诱捕害虫的范围。该技术使用范围很广，可广泛地应用于蔬菜、仓储、茶叶、烟草、园林、城镇绿化和水产养殖等方面。国产频振式杀虫灯品牌众多,其中以佳多频振式杀虫灯最具代表性,它针对昆虫小眼视柱周围色素对光具有趋向的特点进行研发,利用昆虫不断释放性激素的习性,通过技术手段加以控制,使天然性激素引诱得到充分发挥。可诱杀棉花、水稻、小麦、杂粮、豆类、蔬菜、果树和烟草等多种作物上的多种害虫。

(六)色板诱捕

色板是根据昆虫的趋色性,利用特殊黏合剂,诱捕某些飞行和爬行类昆虫的一种装置。不同种类的昆虫,其趋色性不同,如蚜虫、粉虱、叶蝉和潜叶蝇等昆虫对黄色有较强的趋向性,而在夜间活动的一些蛾类和甲虫则对360~400纳米的紫外光有很强的趋向性。一座栽种蔬菜330平方米的温室,常规防治每次开支约16元,一个生产周期防治次数不低于6次,费用总计约96元。若采用色板,每间温室挂3张,花费仅为84元,且综合防效优于传统防治。

(七)性诱剂诱捕

昆虫性诱剂是仿生高科技产品,通过诱芯释放人工合成的性信息引诱雄虫至诱捕器,杀死雄虫,达到防治虫害的目的。这里以蔬菜生产中性诱剂的使用为例进行说明,相关原则和注意事项在其他防治领域同样适用。

(1)正确选择性诱剂。所选性诱剂要对防治靶标具有较高的专一性,目前蔬菜生产中大范围应用的性诱剂主要是针对斜纹夜蛾、甜菜夜蛾和小菜蛾的若干种性诱剂。

(2)选好诱芯、及时更换。诱芯是性诱剂的载体,必须选择适宜的旋芯才能使性信息素分布均匀,释放稳定且延续长久。使用时还要根据诱芯产品性能及天气状况适时更换,以保证诱杀效果,每根诱芯一般使用30~40天。

（3）诱捕器的设置。诱捕器可挂在竹竿或木棍上，固定牢，高度应根据防治对象和栽培作物进行适当调整，太高、太低都会影响诱杀效果。一般斜纹夜蛾和甜菜夜蛾等体型较大的害虫专用诱捕器底部距离作物（露地甘蓝、花菜等）顶部20~30厘米，小菜蛾诱捕器底部应距离作物顶部10厘米左右。同时，挂置地点以上风口处为宜。诱捕器的设置密度要根据害虫种类、虫口密度、使用成本和使用方法等因素综合考虑。一般针对斜纹夜蛾和甜菜夜蛾每2~3亩设置1个诱捕器、每个诱捕器1个诱芯；针对小菜蛾每1~2亩设置1个诱捕器，每个诱捕器1个诱芯。

（4）使用管理。管理是性诱剂应用过程中的重要环节，科学管理可以大大提高性诱剂的防治效果。管理主要是及时清理诱捕器中的死虫，并进行深埋；适时更换诱芯，既要确保诱杀效果又要保证诱芯发挥最大效能；使用完毕后，要对诱捕器进行清洗，晾干后妥善保管。性诱剂使用应集中连片，这样可以更好地发挥性诱剂的作用。

（5）防治时机选择。根据诱杀害虫在当地发生的时间确定和调整性诱剂应用时间，总的原则是在害虫发生早期，虫口密度较低时开始使用效果较好，可以真正起到控前压后的作用，而且应该连续使用。

三、气调技术

在传统高温杀虫的基础上，通过填充气体（如CO_2和N_2等），辅以一定比例的（混合）熏蒸药剂（如溴甲烷和磷化氢等），并结合地膜铺设等技术，造成特定环境内氧气含量大幅下降，也可以对环境中的害虫和绝大多数病原微生物有效杀灭和防控。如河南工业大学黄志宏等人曾在高温高湿地区仓储杀虫中利用氮气充填增强害虫杀灭效果，其研究数据显示，充填氮气虽然在一定程度上增加了防治成本，但该方法能够替代长期使用的磷化氢杀虫法，在一定程度上实现了绿色无公害储粮，大幅减少有害物质对仓储保管人员等的危害，并建议将氮气充填作为常规仓储保管方法加以应用（氮气浓度维持在95%以上）。

四、激光技术

（一）激光杀虫技术

不同种类的昆虫和微生物对不同频率的激光敏感程度不同，可以根据不同靶标特性选用相应的激光进行照射，增强防治的特异性。红宝石激光器发射波长为694.3纳米的激光，能杀死颜色较深的皮虫、棉红蜘蛛和红叶螨等害虫；氩离子激光器发射的488纳米蓝色光，在水平传播时衰减很小，其对水中的孑孓有很强的杀伤力；二氧化碳激光器发射的不可见光对消灭飞行中的蝗虫非常有效；在强度较高的激光作用下，虫卵的孵化率大大降低，可显著阻止害虫繁殖；利用昆虫复眼对不同波长光的识别能力差异，用可调激光可以诱使害虫进入捕虫器并杀灭。

（二）激光除草技术

激光除草是利用杂草和作物叶片所含叶绿素差异，选择杂草叶片吸收性最强的激光扫描农田，杂草叶子因吸收过量的激光能量而枯萎、死亡，作物的叶片吸收到激光能量相对较少，对其生长不构成严重危害。激光除草技术的发明，直接减少了农用除草剂的使用，对农业生态环境的保护起到了积极的促进作用。利用激光能量可选择性防除陆生和水生植物，例如：使用650瓦、10.6微米的N_2—CO_2—He激光器，束宽0.33米时，照射0.25秒，即可导致水下水生杂草因基础代谢过程中断而死亡，水生风信子属杂草和莲子草等辐射后几乎立刻枯萎。美国陆军工程兵团运用激光来控制航道中水生杂草滋生，用功率为1 350瓦激光器照射水草1.9秒，即可取得预期效果；用功率为650瓦的激光器照射0.025秒也有明显的除草作用。

五、声控技术

当声波频率与害虫自身频率一致时，就会产生共振，使敏感害虫产生厌恶感或恐惧感，影响其正常进食，使其难以生存、繁育，主动离开。伴随着这一现象的发现及其机理阐释，声控法被越来越多地应用于杀虫控虫领域。如我国研制的"农作物声波治虫仪"是利用声波共振的原理，依据为害作物的不同害虫对不同频率声波及其对天敌声音产生过激反应的特点，发出共振声波，致使害虫受到惊吓、停止取食、肌肉萎缩，直至死亡，并达到减少化学农药使用的目的。这类仪器设备可以广泛地应用于粮田、蔬菜、果园、茶园、林木和烟田的害虫防治，除了能够减少化学农药对环境的污染、避免害虫天敌被毒害外，还具有以下独特优势：一是治虫范围广，可针对不同害虫，调制出能够引起害虫产生过激反应的不同声波；二是防虫面积人工可控，利用1台主机控制多台分机，分机可按害虫分布的范围和密度人为设定；三是使用经济，设备一次性投入可多年使用，每次使用所消耗的只有少量的电能；四是治虫效果好，在准确预测害虫发生期的前提下，可将害虫为害程度降低85%；五是操作简便，不需要专业的技术人员；六是安全可靠，对人畜无伤害。

六、辐照技术

辐照防治害虫技术是利用各种电磁波照射虫卵、幼虫、蛹和成虫等，昆虫受到辐照后体内发生一系列的生理和结构变化，致使代谢紊乱，生育能力丧失，严重的直接导致个体死亡，以此达到有效杀灭害虫和减少化学农药使用目的的一类物理防治技术。在众多的电离辐射中被广泛应用于辐照杀虫的主要是 γ 射线、10 兆电子伏以下的电子束和 X 射线（5 兆电子伏）3 种杀虫射线。

第四节 农业生产措施节药技术

实践证明，一些农业措施，如对种子进行包衣、添加农药增效剂、选育抗病虫害品种、嫁接技术、调整种植制度等都可以减少农药施用量，减少病虫为害，提高防治效率，又可减少因化学药剂的滥用而造成的环境污染和人畜中毒等危害，对于我国农业的可持续发展和农产品安全等具有极其重要的作用。

一、嫁接技术的应用

对不能实行轮作的保护地病害，利用抗病砧木进行嫁接栽培可有效防止和减轻病虫害，如黄瓜与黑籽南瓜嫁接，栽培茄子与托鲁巴姆、刺茄等嫁接。下面以茄子为例具体说明嫁接在节药上的应用。

（一）嫁接用砧木

好的砧木品种是提高嫁接质量与效果的重要基础，具体的选择标准包括：嫁接亲合力好，共生亲合力强，根系发达，抗逆性强和丰产等。茄子嫁接所用的砧木主要有平茄、刺茄和托鲁巴姆。

（二）嫁接育苗

（1）砧木接穗培育。一是播种期先播砧木后播接穗。秋冬茬栽培砧木一般在 7 月中旬播种，冬春茬砧木在 9 月上中旬播种，大棚早熟栽培普遍在1月左右砧木播种。二是消毒防止带菌传病。接穗种子在浸种催芽时，应当采用55℃的温水浸种，也可用50%多菌灵500倍液浸种2小时。接穗育苗床土要选择没有栽培过茄科作物的大田土，或者采用无土育苗。

（2）嫁接方法。一是劈接法。嫁接应当在砧木长到6~7片真叶，接穗长到5~6片真叶的时候进行。选择茎粗细相近的砧木和接穗进行配对，在砧木2片真叶的上部，用刀片横切去掉上部，然后在茎横切面中间纵切深1.0厘米左右的切口。取接穗苗保留2~3片真叶，横切去掉下端，再小心削成楔形，斜面长度应与砧木切口相当。然后，将接穗插入砧木切口中并对齐，用固定夹子夹牢，放到苗床地上。二是贴接法。在砧木长到6~7片真叶，接穗到5~6片真叶的时候，选择茎粗细相近的砧木和接穗进行配对，先将砧木保留2片真叶，去掉上部，再削成30°斜面，斜面长度为1~1.5厘米。取来接穗，保留2~3片真叶，横切去掉下端，也削成30°斜面，二者对齐、靠紧后，用固定夹子夹牢即可。

（3）嫁接苗的管理。一是保温。保温嫁接之后，伤口愈合适宜温度在25℃左右。所以苗床温室在3~5天白天应控制在24~26℃，最好不要超过28℃；夜间应保持在20~22℃，勿低于16℃；可以在温室内建小拱棚以保温，在高温季节应采取降温措施，例如：搭棚和通风等。等到3~5天以后，再开始放风，慢慢降低温度。二是保湿。保湿是嫁接成败的关键，要求在3~5天，小拱棚内的相对湿度控制在90%~95%。4~5天后，通风降温、降湿，但也要保持相对湿度在85%~90%。三是遮光。遮光可以选择用纸被或草帘等覆在小拱棚上，阴天不用遮蔽。嫁接后的3~4天内，要全部遮光，从第四天开始早晚给光，中午遮光，之后逐渐撤走覆盖物。当温度变低时，可适当提早见光，并提高温度，以加快伤口的愈合，温度高的中午需要遮光。大概 10~15 天后，待接口愈合，便可撤掉固定夹，恢复日常管理。嫁接苗砧木通常会生出侧芽，应在晴天的上午及时抹除，避免土表病菌侵染。

（4）时间控制。嫁接苗在 3 月下旬进行定植，秋季温室嫁接苗在 9 月中旬定植，冬春温室嫁接苗在 12 月中旬定植。

（三）嫁接效果

嫁接可以明显减少农药的使用量，茄子土传病害的病菌在土壤中存活时间一般可达 3~7 年，仅凭农药很难控制。因此，茄子一般不宜重茬栽种，必须与非茄科作物进行 4~5 年轮作倒茬。而茄子嫁接栽培技术，不仅从根本上避免了上述不利的发生，降低了农药的使用量及其残留量，且收益也得以大幅提高，每亩产量可达 7~10 吨，是不嫁接的 2~3 倍。

二、种子包衣技术

种子包衣技术是采取机械或手工方法，按一定比例将含有杀虫剂、杀菌剂、复合肥料、微量元素、植物生长调节剂、缓释剂和成膜剂等多种成分的种衣剂均匀包覆在种子表面，形成一层光滑、牢固的药膜的技术。用种衣剂包裹过的种子播种后，能迅速吸水膨胀，随着种子胚胎的逐渐发育及幼苗的不断生长，种衣剂将含有的各种有效成分缓慢地释放并被种子幼苗逐步吸收到体内，逐步达到防治苗期病虫害、促进生长发育和提高作物产量等目的。

（一）种衣剂成分

种衣剂的化学成分分为活性组分和非活性组分两大类。活性组分是指起药效作用的部分，主要是杀虫剂、杀菌剂、生长调节剂、营养物质及微生物等。非活性组分即为配套助剂，其功能是与活性组分加工后改善种衣剂的理化性质，提高药效，便于使用。它除了有常用的填充料、湿润剂、氧化剂等农药助剂外,依据具体的使用目的和方法,还包括成膜剂、悬浮剂、胶体保护剂、黏度稳定剂、安全警戒色料等一系列功能性助剂。

(二)种子包衣技术的优点

种子包衣技术的主要优点如下:一是有利于提高种子质量,保护幼苗。种子包衣以后可以提高种子发芽能力和防病保苗效果,利于实行精量播种。二是防病虫害效果好,生态效益显著。使用包衣种子可以控制某些种子带菌的传播和扩散,改开放式施药为隐蔽式施药,减少药剂用量,能保护天敌,维护生态平衡,保护环境。三是促进植物生长,提高作物产量。种子包衣剂中的微肥和植物生长剂,能刺激种子生根发芽,有明显促进前期生长的早熟作用,可提高农作物的产量和品质。此外,包衣方法还具备简便易行、省工省时的经济节约等优点,深受广大农民群众的欢迎。

三、种植制度与农业节药

在农业生产上,根据作物之间相生相克的原理进行巧妙搭配、合理种植,可以有效减轻一方或双方病虫害发生的可能,不仅大大减少了化学农药的使用,降低了农产品的生产成本,促进了农产品增产增收,对生态环境也具有重要的保护作用。下面以间作和轮作为例,举例说明其在农业生产中的成功应用。

(一)间作

如棉花或油菜间种大蒜可驱避害虫减少虫卵(大蒜挥发出来的杀菌素——大蒜素具有驱赶蚜虫的功效,能使棉花上二代棉铃虫的发生明显减少);大豆或花生间种蓖麻可杀死害虫降低虫害。在大豆或花生地里、地边均匀地点种蓖麻,可使得豆田或花生田产卵的金龟甲取食蓖麻叶后中毒死亡,其防治效果甚至好于施用化学农药；玉米间种南瓜或花生可有效减轻玉米螟害。南瓜花蜜能引诱玉米螟的寄生性天敌——黑卵蜂，通过黑卵蜂的寄生作用，可有效地减轻玉米螟的为害。另外，玉米间作花生可使玉米螟的为害减轻。

(二) 轮作

在轮作中，利用前茬作物根系分泌的灭（抑）菌素，可以抑制后茬作物上病害的发生，如甜菜、胡萝卜、洋葱、大蒜等作物根系分泌物可抑制马铃薯晚疫病发生，小麦根系的分泌物可以抑制茅草的生长。合理地轮作换茬，可以因食物条件恶化和寄主的减少而使那些寄生性强、寄主植物种类单一，以及迁移能力弱小的病虫大量死亡，腐生性不强的病原物如马铃薯晚疫病菌等由于没有寄主植物而不能继续繁殖。此外，轮作不定期可以促进土壤中对病原物有颉颃作用的微生物的活动，从而抑制病原物的滋生。

四、农药增效技术

农药的剂型和制剂的质量是决定农药产品价值和效果的关键因素，同时对生产和用户的安全，以及生态环境等都有着十分重要的影响。采用不同种类的增效助剂，或者将一种原药加工成不同剂型的产品，其产生的效果会大不相同。目前主要有两种对策方法：一是复配。即两种或两种以上的农药混合制成制剂，提高农药的毒力，缓解害虫的抗药性，但这一方法的缺陷是害虫产生复合抗药性，同时致使环境中污染物质种类增多。二是添加增效剂。添加增效剂可以大幅降低农药的有效成分用量，更为充分地发挥药效，减缓害虫产生抗药性的概率。有些农药助剂不定期可促进作物生长发育，增强其抵抗力。

(一) 农药复配技术

农药单剂在使用时往往受防治效果、使用范围和药害等因素限制，并会随着病虫害抗药性的增强，防治效果逐渐下降。因此，在不断研发新药的同时，复配往往是克服原有单剂农药缺陷的主要办法。

（1）农药复配剂的类型。农药混合剂按其作用对象的不同，可分为以下几种。

①杀虫剂混合。为了克服单一杀虫剂的不足，可将不同类型和作用方式的杀虫剂进行复配。目前，主要是有机磷类与拟除虫菊酯类、有机磷类与氨基甲酸酯类、有机氮类与氨基甲酸酯酯类，以及有机氮类与拟除虫菊酯类等复配方式。

②杀虫杀菌剂混合剂。此类型主要用于拌种或土壤处理，发挥杀虫和杀菌兼治作用。如10%甲柳酮乳油、35%马酮乳油和40%氧乐酮乳油等杀虫杀菌混剂等。

③杀菌剂混合剂。为延缓植物病原菌对内吸性杀菌剂的抗性，常将内吸性杀菌剂与保护性杀菌剂复配使用。内吸性杀菌剂能为植物所吸收，起到杀菌效果，保护性杀菌剂残留在植物体表，防止病菌入侵感染。如15%双·多悬浮剂和40%三唑酮多可湿性粉剂。

④除草剂混合剂。将持效期长短不同的除草剂进行搭配；将内吸传导型除草剂与触杀性除草剂搭配；根据杀草谱互补原理，杀单子叶杂草的除草剂与杀双子叶杂草的除草剂混用。如5.3%丁西颗粒剂和48%乙莠可湿性粉剂等。

⑤杀螨剂混合剂。由于单一杀螨剂往往对螨的发育状况有较强的选择性，有效控制期差异较大，为了对各发育阶段都能有较好的防治效果，可适当调节有效控制期。将两种杀螨特点不同的药剂加工成杀螨剂混合剂（如5%阿维达乳油和22%炔螨特乳油）。

⑥植物生长调节剂混合剂。通过促进或抑制植物生长，起到调节植物的局部或全株生长，提高产品品质和产量的作用。

如2%复硝酚钾水剂和1.85%硝萘酸水剂等。

⑦多功能混合剂。由杀虫剂、杀菌剂、肥料和微量元素等加工而成的混合制剂，达到病虫兼治和促进幼苗生长的目的。

（2）农药复配原则。农药复配要遵循以下原则。

①混合剂的化学稳定性好。有机磷类和拟除虫菊酯类杀虫剂在酸性介质中较为稳定，在碱性介质和水中易降解。因此，这些农药不能和碱性农药配合，也不适合与强极性有机溶剂溶解的农药混合。

②混合剂中两种单剂的防治对象应基本相同。混合剂中只有两种单剂的防治对象基本相同时才能体现混用的优势，不然就会造成资源浪费。此外，混用药剂最好互为补充，如提高药剂的速效性、降低毒性和提高对作物的安全性等。

③混合剂的两种单剂之间对病虫草的毒力应有增效或相加作用。但对哺乳动物的毒性不应高于单剂。如5%阿维达乳油，毒性为低毒，制剂中阿维菌素为高毒，混剂的毒性降低主要是因为阿维菌素含量降低所致。然而，有的混合剂会出现毒性增加的现象，如马拉硫磷和敌敌畏等。

④混合剂对作物的安全性不应小于单剂。有些农药单独使用对作物安全，混合使用却容易产生药害，因此在配制时必须考虑对作物的安全性。如氟铃脲防治十字花科蔬菜害虫，因该药剂不仅对小菜蛾和甜菜夜蛾致毒作用较为缓慢，还对十字花科蔬菜幼苗产生药害。开发成5.7%氟铃高氯乳油和2.2%氟铃甲维盐乳油，其新制剂的杀虫速效性大大提高，对作物的安全性也大大提高。

⑤混合剂在农产品中残留不应大于单剂。残留时间较长或较短的药剂复配，因减少了其用量，混合剂的残留量大大低于残留时间较长的单剂。如阿维菌素+氟虫双酰胺混合剂防治水稻二化螟效果很好，且混合剂的残留量较单用氟虫双酰胺大大

降低。

⑥抗性原则。选择利用无交互抗性（即害虫对某一农药产生了抗生，但另一种农药对其药效作用好）的农药品种进行复配。如菊酯类与有机磷类、有机氮类农药没有交互抗性，可以混用。

⑦混合剂中各单剂的含量必须都达到有效剂量。加工后的混合剂用于田间药效试验时，菊酯类药剂含量较低的配方药效都较低，其原因是田间药剂量易受挥发和光解等环境因素影响。在应用中，只有当两者都是有效剂量时才能发挥联合作用。

⑧混合剂中各单剂的特效期应尽可能相近。药剂的特效期长短是由其半衰期决定的，选择混合剂的单剂时应尽量使两者的半衰期一致。如果两者长短差异较大，就会导致一个单剂控制害虫的作用提前丧失，另一个单剂因剂量过低也无法有效控制其为害。

（二）农药增效剂

农药增效剂是指本身无生物活性，但与某种农药混用时，能大幅度提高农药的毒力和药效的一类助剂的总称。一个良好的农药增效剂一般应该具有如下特性：农药增效剂不分解原药；农药增效剂农药残留检测合格；农药增效剂对环境无明显影响。

（1）农药增效剂分类。目前已获得成功应用的农药增效剂主要有以下几种。

①邻亚甲基二氧苯基团的化合物，简称 MDP 化合物。该类化合物不仅对拟除虫菊酯类，而且对其他杀虫剂也或多或少具有增效作用。

目前，主要用于拟除虫菊酯、氨基甲酸酯、有机磷酸酯和昆虫生长调节剂等杀虫剂增效使用。

②有机硅聚氧乙烯醚化合物。该类化合物具有低表面张力，良好的展着性、渗透性及乳化分散性，是一种新型高效的农药

助剂。易溶于甲醇、异丙醇、丙酮等有机溶剂，可分散于水中，能作为喷雾改良剂、叶面吸收助剂和活化剂等。目前，已广泛应用于杀虫剂、杀菌剂、除草剂、叶面肥、植物生长调节剂、微量元素和生物农药等农用化学品的喷雾混合液中，特别适合内吸型药剂。

③其他增效剂。在防治农作物病虫草害时，还有一些其他的化合物如植物油或矿物油、白糖、洗衣粉、食盐等同农药混合使用，可显著提高药效，增强防治效果。例如，波尔多液加白糖可防止沉淀，石硫合剂加洗衣粉和食盐可提高药效等。

（2）应用前景。在人类面临人口激增、土地日益减少、粮食需求加剧、生态环境恶化的情况下，需要开发出更多高效且安全的新农药。而新农药一般开发周期长、投资大、风险高。农药增效剂助剂的迅速发展则有助于解决这一突出问题。一方面，它可以减轻目前我国用量较大的保湿性粉剂、乳油等老剂型对环境的污染，这对于药效提高、毒性下降、减少环境污染具有显著的经济效益和社会效益。另一方面，通过改进原药的物理性质，不仅可以延长农药的使用寿命、提高药效、降低用量，还可以达到减少环境污染、保护使用者安全，以及最大限度发挥农药药效的目的。

第八章 粮食作物病虫草害综合防控技术

第一节 主要病虫草害

一、小麦主要病虫草害

小麦是我国特别是北方地区的主要粮食作物之一，仅次于水稻，位居第二。小麦病虫草害是影响小麦产量和质量的重要因素，资料表明，全世界小麦病虫草害多达500余种，常发病害有20余种，害虫15种，麦田杂草有15种。因此，做好病虫草害的科学防控工作对小麦高产稳产意义重大。

（一）病害

小麦病害按照病原可以分为真菌病害、细菌病害、病毒病害和线虫病害；按照危害部位可以分为穗部病害（赤霉病、白粉病、叶枯病、病毒病等）、叶部病害（锈病、白粉病、病毒病、叶枯病等）、秆部病害（秆锈病、秆黑粉病、纹枯病等）、基部病害（根腐病、全蚀病、纹枯病等）。其中，发生普遍、危害严重的有赤霉病、小麦锈病、小麦白粉病、小麦纹枯病等。

（1）小麦赤霉病。小麦赤霉病是麦类作物上的一种流行病害，多发生在穗期多雨、气候潮湿地区。其中，长江中下游冬麦区和东北春麦区发生最重，长江上游冬麦区和华南冬麦区也经常发生，华北地区冬麦区近年发生严重，呈现出逐年向北扩散的趋势。小麦赤霉病的发生会导致小麦减产，轻者减产10%~

20%，严重地块减产80%~90%。

小麦赤霉病在整个生育期均可发生，抽穗后至扬花末期最易受到病菌侵染，可引起苗枯、基腐、秆腐和穗腐，其中穗部受害最为严重。苗腐（枯）由于种子或土壤带菌引起，枯死苗基部可见粉红色霉层；基腐和秆腐表现为植株基部或茎秆部组织受侵染后变褐色腐烂，病部可见粉红色霉层；穗腐在小麦扬花后出现，当麦田空气湿度大时，会在小穗基部或颖片合缝处长出一层粉红色胶质霉层。空气干燥时病部会枯死，形成白穗，后期病部可产生蓝黑色小颗粒（子囊壳）。小麦受害籽粒表面有白色或粉红色霉层。

赤霉病病菌分生孢子和子囊孢子主要是借风雨传播。发病初期在小穗和颖片上出现水渍状病斑，病斑呈褐色，逐渐扩展到整个小穗，最后病小穗枯黄。较高的相对湿度有利于该病菌孢子的萌发。

（2）小麦锈病。小麦锈病又名黄疸，其特点在于受侵染的叶片或秆上出现鲜红色或红褐色病斑，成铁锈状。该病包括条锈病、叶锈病和秆锈病3种类型，3种锈病区别可用"条锈成行，叶锈乱，秆锈是个大红斑"来概括。西北、西南和黄淮海麦区是锈病主要流行区，给小麦生产造成了严重的影响。

①小麦条锈病。小麦条锈病主要发生在叶片、叶鞘、茎秆和穗部。发病初期在叶片上会出现褪绿小斑，随着病情加重逐渐形成黄色的粉孢（夏孢子堆）。当夏孢子堆成熟后会散发出黄色的粉末。小麦成株期，锈病会在叶片上呈虚线状沿叶脉排列成行，后期长出黑色、狭长形的埋伏于表皮下的条状孢斑（冬孢子堆）。

②小麦叶锈病。小麦叶锈病在禾谷类作物中分布最为广泛，主要发生在小麦的叶片上，发病重时也可在叶鞘和茎秆上进行侵染为害。叶片受害后会产生许多橘红色不规则且散乱的圆形

至椭圆形的夏孢子堆，表皮破裂后，会散发出黄褐色的夏孢子粉末（铁锈状）。

③小麦秆锈病。小麦秆锈病主要为害小麦的茎秆及叶鞘，严重时也可为害叶片和穗部。发病初期，在茎秆上出现深褐色长椭圆形病斑且排列不规则，严重时连接成大斑。病斑成熟后表皮大片开裂且向外翻成唇状，散发出大量的锈褐色粉末。

（3）小麦纹枯病。小麦纹枯病是一种典型的土传病害，小麦各生育期均可受害，造成烂芽、病苗死苗、花秆烂茎、倒伏、枯孕穗等多种症状。该病发生普遍而严重，对小麦产量影响极大。该病菌主要是靠带菌土壤进行传播，发病高峰期在小麦拔节后期至孕穗期。

小麦纹枯病为害状有以下几种。

①烂芽。种子萌芽后，小麦芽鞘被侵染变为褐色后烂芽枯死，不能出苗。

②病苗、死苗。一般在小麦3~4叶期发生，叶鞘上的病斑中央呈灰白色，边缘呈褐色，严重时易造成死苗现象。

③花秆、烂茎。小麦返青拔节后易出现，发病初期在小麦的下部叶鞘上出现云纹状病斑，随着病情的发展多个病斑相连形成云纹状的花秆，这是纹枯病诊断识别的典型特征。发病严重时，病斑向上扩展至小麦的茎秆，呈现近椭圆形的"尖眼斑"，中央灰白色，边缘褐色，两端较尖。

④枯白穗。田间湿度大时病叶茎秆上及叶鞘内侧出现蛛丝状白色菌丝体，籽粒减少，即为枯白穗。枯白穗在小麦乳熟期表现最为明显，严重时出现小麦的成片枯死，若田间湿度大时，植株下部明显可见油菜籽状的菌丝体缠绕形成黄褐色的菌核，该菌核也是识别及诊断纹枯病的典型特征。

⑤倒伏。茎秆腐烂后，易造成倒伏。

⑥枯孕穗。该病发生严重时小麦常不抽穗。

(4) 小麦全蚀病。小麦全蚀病是迄今为止明显产生自然衰退的病害。小麦全蚀病由小麦顶囊壳菌引起，是一种毁灭性的典型的根部病害，主要是靠带菌土壤进行传播。小麦的整个生育期均可发病，该病菌主要侵染小麦根部和茎基部以下部分。幼苗感病后，麦苗地上部叶色变黄，植株矮小，生长不良，初生根和地下茎均变为黑褐色，严重时次生根上也会长有很多病斑，病斑连在一起，使得小麦整个根系变黑死亡。抽穗灌浆期感病，病株成簇或点片出现早枯白穗，且在茎基部形成"黑脚"，这是小麦全蚀病诊断识别的典型特征。

(5) 小麦白粉病。小麦白粉病在小麦各个生育期均可能发生。该病可侵害小麦植株地上部各器官，一般从下部叶片开始，逐渐向上扩展，主要是以叶片和叶鞘为主。叶片受害后初现黄色小点，后扩大成圆形或长椭圆形病斑，其上有灰白色粉状霉层，后期病斑霉层上可散生黑褐色小点（即子囊壳），病斑可连片，导致叶片变黄或枯死。一般叶片正面的病斑要比反面多，而下部叶片上的病斑多于上部叶片。白粉病病菌的分生孢子和子囊孢子均能借助于高空气流进行远距离传播。发病严重时植株矮小且细弱，严重为害颖壳和麦芒，使得穗小粒少，千粒重明显下降，对产量影响很大。

(二) 虫害

小麦主要虫害可以概括为"地上三虫地下三虫"。"地上三虫"即为小麦吸浆虫、小麦蚜虫、麦蜘蛛，"地下三虫"即为蛴螬、金针虫、蝼蛄。

(1) 小麦吸浆虫。小麦吸浆虫主要有小麦红吸浆虫和小麦黄吸浆虫2种。小麦吸浆虫是一类外形似蚊子、体长2~2.5毫米的小型蚊子。小麦红吸浆虫成虫橘红色，小麦黄吸浆虫呈姜黄色。小麦吸浆虫在土壤中越夏越冬，在小麦拔节期到地表化蛹，成虫主要在小麦扬花、灌浆期出现，在小麦穗部产卵，幼虫孵化后在小麦籽粒内为害，吸食麦粒的浆液，造成瘪粒或空壳，由于其虫体小，为害隐蔽，小麦受害严重时可造成毁灭性损失。小麦扬花前后雨水充沛、气温适宜，常会引起吸浆虫的大发生。

（2）小麦蚜虫。小麦蚜虫主要有麦二叉蚜和麦长管蚜2种，以成虫和若虫刺吸小麦株茎、叶和嫩穗的汁液。麦苗被害后，叶片枯黄，生长停滞，分蘖减少。后期，麦株受害后，麦粒不饱满，严重时麦穗枯白，不能结实，甚至整株枯死。麦二叉蚜主要在抽穗期前为害，通过转株为害同时传染小麦病毒病，其中以传播小麦黄矮病为害最大。麦长管蚜主要在抽穗期至乳熟期为害，是影响小麦产量的主要蚜虫类型，是田间防治的主要对象。

（3）麦蜘蛛。小麦产区常见的麦蜘蛛主要有2种：麦圆蜘蛛和麦长腿蜘蛛。麦圆蜘蛛又名麦圆叶爪螨，分布在我国北纬29°~37°地区。麦长腿蜘蛛又名麦岩螨，分布在北纬34°~43°地区。麦蜘蛛主要为害地区在长城以南、黄河以北的干旱、干燥麦区，有些地区两种麦蜘蛛混合发生、为害。麦蜘蛛主要是以成、若虫吸食麦叶汁液，受害叶片上出现细小白点，之后麦叶变黄，小麦生长不良，植株矮小，受害严重时全株干枯。

（4）蛴螬。蛴螬体形肥大，多为白色，少数为黄白色，弯曲呈C形，以三龄期幼虫历时最长，为害最重。蛴螬主要是以幼虫在地下进行为害，通过咬食麦苗根茎部位，使之生长受到抑制甚至死亡，轻则造成缺苗断垄，重则毁种绝收。小麦典型被害状是幼苗的根、茎处断口平截整齐，为害后蛴螬又会转移到别的植株继续进行为害。蛴螬造成的伤口还可能诱发病害的发生。

（5）金针虫。金针虫是叩头甲的幼虫，主要是以幼虫咬食种子或幼苗的根茎部进行为害，稍粗的根或茎虽很少被咬断，但被害部位不整齐，呈丝状，形成枯心苗，后期整株枯死。小麦返青期至孕穗期金针虫为害达到高峰。

（6）蝼蛄。蝼蛄都营地下生活，昼伏夜出，21:00至3:00达到活动取食高峰。成虫或若虫在土中咬食刚播下的种子或幼芽，严重时将幼苗咬断，受害植株根部呈乱麻状。同时，蝼蛄将表土窜成隧道，使苗土分离，幼苗失水枯死。

（三）草害

麦田草害为害严重的主要包括野燕麦、马唐、马齿苋、牛筋草、看麦娘、牛繁缕、猪殃殃、播娘蒿、狗牙根、田旋花、藜等，每年为害面积均在3 000万亩以上。这些杂草分布广、生长快、繁殖能力强，不仅与小麦争夺养分、水分和生存空间，还传播病虫害，严重影响小麦的生长和发育。

黄淮海流域冬麦区主要包括河南中北部、苏北和安徽北部、河北、山东大部分地区及晋中南和陕西关中地区，这些地区麦田杂草种类多，群落复杂，主要以播娘蒿、荠菜、猪殃殃、野油菜、大野豌豆、田紫草、泽漆（猫儿眼）、婆婆纳、田旋花（狗狗秧）、刺儿菜、麦瓶草、藜、扁蓄和宝盖草为主。稻麦轮作麦田的杂草种类与南方地区相似，以看麦娘和日本看麦娘居多，部分麦田硬草、棒头草、野燕麦、菵草和雀麦等为害严重。

二、水稻主要病虫草害

（一）病害

（1）稻瘟病。稻瘟病在整个水稻生育期均可发生。根据水稻受害的时期和部位可分为叶瘟、苗瘟、叶枕瘟、节瘟、穗颈瘟、枝梗瘟和谷粒瘟。

叶瘟主要发生在水稻3叶期后，包括慢性型、急性型、褐点型和白点型4种类型。

①慢性型:病斑边缘褐色,且有淡黄色的晕圈,中央灰白色,由暗绿色小斑扩大为纺锤形斑,叶片背面有灰色霉层,病斑多时可连接形成不规则大斑,发展较慢。

②急性型:病斑呈近圆形或椭圆形,叶片正反面均有绿色霉层。

③褐点型:病斑一般在高抗品种或老叶上产生针尖大小的褐点,叶舌、叶耳、叶枕等部位也可发病。

④白点型:病斑在嫩叶上产生白色近圆形小斑,一般不产生孢子。

节瘟表现为,水稻抽穗后在稻节上产生褐色小点,后绕节扩展,病部变黑,易折断。该病害亦可造成白穗。

穗颈瘟为穗颈部初现褐色小点,造成枯白穗和秕谷。苗瘟表现为苗基部变灰黑色,上部变褐。田间湿度较大时,病部可产生灰绿色霉层。苗瘟由种子带菌造成,常发生于 3 叶期前。

(2) 稻曲病。稻曲病一般在水稻开花期至乳熟期发生,只在穗部进行为害,尤其是稻穗的中下部分受害最为严重。受害谷粒内形成的菌丝块比谷粒大 3~4 倍,形状近球形,表面平滑,黄色外有一层薄膜包被。菌丝块逐渐长大,外面的薄膜开裂,颜色转变为黄绿色或墨绿色,表面龟裂,孢子略带黏性,不易飞散。稻粒受到侵染后出现霉变,空瘪率增多,粒重下降,稻谷污染严重,影响稻米质量。此病发生有逐年上升的趋势,造成严重损失。稻曲病只能预防,不能治疗。

(3) 水稻纹枯病。水稻纹枯病从水稻苗期至穗期均可发生,抽穗前后受害最为严重。水稻叶鞘受害后,在临近水面的部位出现暗绿色水渍状病斑,后逐渐形成椭圆形或云纹状的病斑,病斑边缘近褐色,中央灰绿色至灰白色,严重时叶鞘上的叶片常枯死。病害一般由植株下部向植株上部发展。叶片受害,病情发展较慢时,只是病斑外围褪绿,病斑发展较快时,病斑处呈现暗绿色,像被开水烫过,叶片很快就会青枯或腐烂。穗部发病较轻时,病穗呈灰褐色,谷粒不实,严重时常不能抽穗。

(二) 虫害

(1) 稻飞虱。稻飞虱主要有 3 种:灰飞虱、褐飞虱和白背飞虱。稻飞虱主要以成虫或若虫聚集在水稻下部吸食植株汁液进行为害。水稻分蘖期被害,茎秆上出现棕褐色或黑色的不规则病斑,严重时整株枯死。水稻孕穗期和抽穗期受害,叶片发黄,植株矮小,茎秆黑色发臭,抽穗较少或不抽穗。水稻乳熟期受害,大多不能结穗,成片倒伏枯死。同时,稻飞虱产卵刺伤叶鞘,造成伤口,诱发煤烟病,影响植株光合作用。除此之外,灰飞虱还可传播病毒病,对水稻为害极大。

(2) 稻纵卷叶螟。稻纵卷叶螟是迁飞性昆虫,为水稻的主要害虫。稻纵卷叶螟主要以初孵幼虫在水稻心叶、嫩叶上取食为害。幼虫二龄期在叶尖附近吐丝将稻叶纵卷成苞状,躲在苞内咬食,被咬食的部位呈透明白条状。三龄期后幼虫将几个稻叶连在一起卷成苞状,取食叶表皮和叶肉,叶表皮呈白色条斑。四龄后开始转苞为害,严重时稻田叶片一片枯白。

(3) 二化螟。二化螟俗名钻心虫、蛀心虫、蛀秆虫等,以初孵幼虫取食水稻叶鞘来进行为害,受害的部位呈水渍状,形成枯黄鞘。二龄幼虫钻入稻株内取食,咬断稻心,造成稻株枯心,形成枯心苗,于水稻孕穗期则造成枯孕穗,抽穗期则造成白穗。三龄后幼虫进行转株为害。乳熟期至成熟期主要是成虫对植株进行为害,造成千粒重下降,直接影响水稻产量。

(三) 草害

稻田杂草种类繁多,为害严重的大约有 40 种,主要有藜、扁秆藨草、牛毛毡、节节菜、眼子菜、雨久花、水绵、鸭舌草等。这些杂草与水稻争夺养分,影响水稻生长,应及时清除。

第二节 小麦病虫草害综合防控技术

小麦全程绿色高产创建集成技术研究始于 2013 年，由农业部全国农业技术推广服务中心与先正达（中国）投资有限公司合作进行了为期 4 年的连续研究，得到了小麦高产创建植保新技术。鉴于研究中应用的均为先正达公司产品，其他公司作用机制相近的杀虫剂、杀菌剂和除草剂可以进行替换应用。表 8-1 为小麦全生育期农药减施高产技术流程。

表 8-1 小麦全生育期农药减施高产技术流程

生育期	用药	防治对象	防治效果	增产结果
播种期	27%苯醚·咯·噻虫种子处理悬浮剂包衣	预防小麦早期蚜虫及根腐病、茎基腐病、纹枯病等病害，显著促进小麦分蘖和健壮生长	小麦亩基本苗增加 0.2 万~1.4 万；越冬期亩茎蘖数增加 3.9 万~5.2 万；返青期亩茎蘖数增加 3.5 万~10.2 万	麦亩穗数增加 1.4 万~2.3 万；穗粒数增加 0.5~2 粒/穗；千粒重增加 0.95~1.6 克；结实率增加 0.7%~1.7%。理论计算增产 55~69 千克/亩；实际产量增加 49~60 千克/亩；增产幅度增加 10.2%~12.2%
返青拔节期	18.7%丙环·嘧菌酯悬乳剂+天然源生物激活剂	防治小麦的纹枯病及叶部病害，促进有效分蘖发育		
抽穗扬花期	22%噻虫·高氯氟悬浮剂和 18.7%丙环·嘧菌酯悬乳剂	防治小麦中后期的叶部病虫害，为小麦的高产、稳产和优质奠定基础	对小麦蚜虫的防效增加 9%~12%；纹枯病防效增加 10%~15%；白粉病防效增加 7%~14%；赤霉病防效增加 8%~10%	

第三节　水稻病虫草害综合防控技术

水稻在我国从南到北均有种植，不同地区水稻种植模式差异很大，病虫害发生时期也不尽相同，因此各地应根据主要病虫害的发生时期进行防治。本部分针对主要病虫害提出了相应的防治方法，建议采取农业防治、生物防治、物理防治基础上，结合预测预报进行重点防治。

一、药剂拌种

采用 150~200 毫升 62.5% 精甲·咯菌腈悬浮剂对 50 千克种子进行处理预防恶苗病和稻瘟病；200~300 毫升 35% 噻虫嗪悬浮剂包衣 100 千克种子，或用 200 毫升 20% 吡虫啉悬浮剂包衣 100 千克种子处理预防秧苗期稻飞虱、稻蓟马及飞虱传播的南方水稻黑条矮缩病、锯齿叶矮缩病和条纹叶枯病等病毒病；早期促秧苗健壮可以采用 3.423% 赤·吲乙·芸苔 5 000 倍液处理种子或苗期喷雾，培育壮秧。

二、药剂喷雾防治

（1）稻飞虱。华南、西南、长江中下游稻区重点防治褐飞虱和白背飞虱；黄淮稻区重点防治白背飞虱、灰飞虱。药剂防治重点在水稻生长中后期，孕穗抽穗期百丛虫量 1 000 头、穗期百丛虫量 1 500 头时对准稻丛基部喷雾。可用 50% 吡蚜酮悬浮剂 1 500 倍液，或用 30% 吡虫啉乳油 1 000 倍液，或用 40% 氯虫·噻虫嗪水分散粒剂 2 500~3 000 倍液，或用 20% 烯啶虫胺水分散粒剂 3 000 倍液等药剂进行喷施防治。

（2）稻纵卷叶螟。生物农药防治稻纵卷叶螟时期为卵孵化始盛期至低龄幼虫高峰期。化学防治指标为分蘖期百丛水稻束叶尖150个、穗期百丛水稻束叶尖60个时即用药防治。生物农药可选用苏云金杆菌、甘蓝夜蛾核型多角体病毒、球孢白僵菌、短稳杆菌等药剂。化学农药可选用40%氯虫·噻虫嗪水分散粒剂2 500~3 000倍液，或用20%氯虫苯甲酰胺悬浮剂2 000倍液等药剂进行喷施防治。

（3）螟虫。防治二化螟，分蘖期枯鞘丛率达到8%~10%或枯鞘株率3%时施药，穗期于卵孵化高峰期重点防治上代残虫量大、当代螟卵盛孵期与水稻破口抽穗期相吻合的稻田；防治三化螟，在水稻破口抽穗初期施药，重点防治每亩卵块数达到40块的稻田。虫量较低时优先采用苏云金杆菌（Bt）、短稳杆菌，化学药剂可选用5%甲氨基阿维菌素苯甲酸盐微乳剂2.25~3.75克/公顷1 500倍液；或用40%氯虫·噻虫嗪水分散粒剂48~60克/公顷2 000倍液；或用90%杀虫单可溶粉剂40~55克/亩1 000倍液等药剂进行喷施防治。

（4）稻瘟病。分蘖期田间初见稻瘟病病斑时施药控制叶瘟，破口期前3~5天施药预防穗瘟，气候适宜病害流行时施药7天后进行第二次施药。可用10亿个单孢子/克枯草芽孢杆菌可湿性粉剂400倍液，或用10%多抗霉素可湿性粉剂500倍液，或用47%春雷·王铜可湿性粉剂400倍液等仿生物药剂；或选用25%丙环唑乳油3 000倍液，或用25%三环唑乳油2 000倍液等化学药剂进行防治。

（5）纹枯病。水稻分蘖末期封行后和穗期病丛率达20%时立即用药防治。

可用井冈·蜡芽菌、申嗪霉素等生物药剂和18.7%丙环·嘧菌酯悬浮剂2 000倍液或30%苯甲·丙环唑乳油3 000倍液或12.5%氟环唑悬浮剂、40%咪铜·氟环唑悬浮剂、20%烯肟·戊唑醇悬浮剂1 000倍液等化学药剂进行防治。

（6）稻曲病。在水稻破口前7~10天（水稻叶枕平时）施药预防，如遇多雨天气，施药 7 天后进行第二次施药。稻曲病防治药剂同纹枯病防治药剂。

（7）病毒病。病毒病包括南方水稻黑条矮缩病、锯齿叶矮缩病、黑条矮缩病、条纹叶枯病，主要在秧田和本田初期带毒稻飞虱迁入时及时防治。重点做好稻飞虱的防治。

（8）细菌性基腐病、白叶枯病。田间出现发病中心时立即用药防治。重发区在台风、暴雨过后及时施药防治。可用 1.6% 噻霉酮涂抹剂、35% 噻唑锌悬浮剂等药剂进行防治。

（9）稻田杂草。在秧苗 1~4 期前，可选用 10% 氰氟草酯乳油 1 000 倍液等药剂防治稗草等杂草。

三、注意事项

（1）提倡使用高含量单剂，避免使用低含量复配剂。

（2）稻—虾、稻—鱼、稻—蟹等农业生态种养区域和临近蚕桑养殖区域，需慎重选用药剂。水稻扬花期慎用新烟碱类杀虫剂（吡虫啉、啶虫脒、噻虫嗪等），减少对授粉昆虫的影响。

（3）禁止使用含拟除虫菊酯类成分的农药，慎重使用有机磷类农药。

另外，旱稻田种子包衣需要先浸种后再进行药剂包衣，药剂可以参考水稻田方案。旱稻苗期以后病虫害防治技术与水稻田病虫害防治技术基本一致。

第九章 蔬菜病虫害综合防控技术

第一节 主要病虫害

一、黄瓜主要病虫害

（一）病害

（1）黄瓜猝倒病。黄瓜猝倒病主要为害黄瓜等瓜类未出土或刚出土不久的幼苗，大苗很少被害。苗期露出土表的胚茎基部或中部呈水渍状，后变成黄褐色，枯缩为线状，往往子叶尚未凋萎，幼苗即突然猝倒，致幼苗贴伏地面，但植株仍保持青绿色。黄瓜发芽期染病，发病严重时造成烂芽烂种，使幼苗不能出土，有时瓜苗出土，但胚轴和子叶已普遍腐烂，变褐枯死。湿度大时，病株附近长出白色棉絮状菌丝。

（2）黄瓜白粉病。黄瓜白粉病主要为害叶片，也能为害叶柄和叶茎，黄瓜幼苗期和成株期均可染病。叶片染病，先由植株的下部叶片开始发生，发病初期先在叶正面或叶背面产生白色粉状小圆斑，后逐渐扩大为不规则形、边缘不明显的白粉状霉层。发病中后期，白色粉状霉层老熟，呈灰色或灰褐色，上有黑色的小粒点。发病末期，病叶组织变为黄褐色而枯死。叶柄和茎染病，叶柄和茎上密生白粉状霉层，霉层连接成片。

（3）黄瓜霜霉病。黄瓜霜霉病主要为害叶片，多在开花结果后发生，从下部老叶开始发病。发病初期，叶片背面出现水渍状、浅绿色斑点，扩大后受叶脉限制呈多角形，病斑颜色变化为绿色、黄色，最后变为褐色，潮湿情况下叶片背面病斑上长出紫黑色霉层。发病严重时病斑连接成片，整个叶片枯黄。

(4) 黄瓜花叶病毒病。黄瓜花叶病毒病多导致黄瓜全株发病，黄瓜苗期发病子叶变黄枯萎，幼叶呈现浓绿与淡绿相间花叶状；成株发病新叶呈黄、绿相间状花叶，病叶小，略皱缩，严重时叶反卷，病株下部叶片逐渐黄枯。发病重的黄瓜节间短缩，簇生小叶，不结瓜，以致萎缩枯死。发病初期表现"明脉"症状，逐渐在新叶上表现花叶，病叶变窄，伸直呈拉紧状，叶表面茸毛稀少。

(5) 黄瓜枯萎病。黄瓜枯萎病在黄瓜整个生长期均能发生，以开花结瓜期发病最多。苗期发病时茎基部变褐缢缩、萎蔫猝倒。幼苗受害早时，出土前就可腐烂，或出苗不久子叶就会出现失水状，萎蔫下垂。成株发病时，初期受害植株表现为部分叶片或植株的一侧叶片，中午萎蔫下垂，似缺水状，但早晚恢复，数天后不能再恢复而萎蔫枯死。主蔓茎基部纵裂，撕开根茎病部，维管束变黄褐色至黑褐色并向上延伸。潮湿时，茎基部半边茎皮纵裂，常有树脂状胶质溢出，上有粉红色霉状物，最后病部变成丝麻状。

(6) 黄瓜菌核病。黄瓜菌核病主要为害黄瓜茎基部和果实，也能为害茎蔓和叶，在黄瓜苗期至成株期均可发生。茎染病，发病部位主要在茎基部和茎分杈处，发病初期产生水渍状斑，扩大后呈淡褐色，病茎软腐纵裂，病部以上茎蔓和叶凋萎枯死。湿度高时病部长出一层白色棉絮状菌丝体，受害后茎秆内髓部受破坏，发病末期腐烂而中空，剥开后可见白色菌丝体和黑色菌核。菌核鼠粪状，呈圆形或不规则形，早期白色，后外部变为黑色，内部白色。叶片染病，初呈水渍状斑，扩大后呈灰褐色近圆形大斑，边缘不明显，病部软腐，并产生白色棉絮状菌丝,发病严重时产生黑色鼠粪状菌核。果实染病,发病初期在幼果脐部呈水渍状腐烂,果表长白色棉絮状菌丝并形成黑色粒状菌核。

(二) 虫害

(1) 瓜绢螟。瓜绢螟幼龄幼虫在叶背面啃食叶肉,呈灰白斑,三龄后吐丝将叶或嫩梢缀合,居其中取食,使叶片穿孔或缺刻,严重时仅留叶脉。幼虫常蛀入瓜内,影响黄瓜产量和质量。

(2) 温室白粉虱。温室白粉虱成虫体长 1~1.5 毫米,淡黄色,翅面覆盖白蜡粉,停息时双翅在体上合成屋脊状如蛾类。该虫吸食植物体内糖类,其分泌物影响植株呼吸作用和易引发真菌污染,同时传播病毒。

(3) 瓜蚜。黄瓜田瓜蚜主要是棉蚜,是葫芦科蔬菜的重要害虫。成虫、若虫在黄瓜嫩叶及生长点吸食汁液,叶片卷缩,生长停滞,甚至全株萎蔫死亡。黄瓜成株叶片受害,提前枯黄、落叶,缩短结瓜期,造成减产。此外,瓜蚜还能传播病毒病。

(4) 瓜蓟马。瓜蓟马以成虫、若虫锉吸心叶、嫩芽、幼瓜的汁液,使被害株心叶不能正常展开,生长点萎缩变黑枯焦而出现丛生现象。幼瓜受害毛茸变黑,出现畸形,严重时造成落瓜。成瓜受害后瓜皮粗糙,有黄褐色斑纹或瓜皮长满锈斑,使瓜的外观、品质受损,商品性下降。同时,瓜蓟马还能传播多种病毒病,加重损失程度。

二、番茄主要病虫害

(一) 病害

(1) 番茄灰霉病。番茄灰霉病主要为害番茄果实,也可以侵害叶片和茎等部位。果实受害一般先从残留的花瓣、花托等处开始，出现湿润状、灰褐色不规则形的病斑，逐渐发展成湿腐，从萼片部向四周发展，可使 1/3 以上的果实腐烂，病部长出一层鼠灰色茸毛状的霉层。叶片染病多从叶尖或叶缘开始，发生不规则形的湿润状、灰褐色病斑，可造成叶片湿腐凋萎。茎部染病发生长椭圆形或不规则形的长条状、灰褐色病斑，潮湿时亦长出灰色霉层，严重时可引致病斑以上的茎、叶枯死。

（2）番茄叶霉病。番茄叶霉病主要为害番茄叶片，严重时也为害茎、花和果实。叶片发病，初期叶片正面出现黄绿色、边缘不明显的斑点，叶片背面出现灰白色霉层，后霉层变为淡褐色至深褐色；湿度大时，叶片表面病斑也可长出霉层。病害常由下部叶片先发病，逐渐向上蔓延，发病严重时霉层布满叶背，叶片卷曲，整株叶片呈黄褐色干枯。嫩茎和果柄上也可产生相似的病斑，花器发病易脱落。果实发病，果蒂附近或果面上形成黑色圆形或不规则形斑块，硬化凹陷，不能食用。

（3）番茄病毒病。番茄病毒病症状主要有 3 种：花叶型、蕨叶型、条斑型。花叶型，叶片上出现黄绿相间或深浅相间斑驳，叶脉透明，叶略有皱缩，植株略矮；蕨叶型，植株不同程度矮化，由上部叶片开始全部或部分变成线状，中下部叶片向上微卷，花冠变为巨花；条斑型，可发生在叶、茎、果上，在叶片上为茶褐色的斑点或云纹，在茎蔓上为黑褐色条形斑块，斑块不深入茎、果内部。此外，有时还可见到巨芽、卷叶和黄顶型症状。

（4）番茄晚疫病。番茄晚疫病发生于叶、茎、果实等部位，病斑大多先从叶尖或叶缘开始，初为水渍状褪绿斑，后渐扩大，在空气湿度大时病斑迅速扩大，可扩及叶的大半以至全叶，并可沿叶脉侵入叶柄及茎部，形成褐色条斑。果实染病，多在青果附近果柄处产生灰绿色水渍状硬斑块，黑褐色，稍凹陷，潮湿时长出白色霉层。

(5) 番茄早疫病。番茄早疫病在番茄苗期、成株期都可发病，危害叶片、茎、花、果等部位，以叶片和茎叶分枝处最易发病。

叶部发病：叶片初期出现水渍状暗褐色病斑，扩大后近圆形，有同心轮纹，边缘多具浅绿色或黄色晕环。潮湿时病斑长出黑霉。发病多从植株下部叶片开始，逐渐向上发展。严重时，多个病斑可联合成不规则形大斑，造成叶片早枯。

茎部发病：茎部发病多在分枝处产生褐色至深褐色不规则圆形或椭圆形病斑，凹或不凹，表面生灰黑色霉状物。

果实发病：青果发病多在花萼处或脐部形成黑褐色近圆形凹陷病斑，后期从果蒂裂缝处或果柄处发病，在果蒂附近形成圆形或椭圆形暗褐色病斑，病斑凹陷，有同心轮纹，斑面着生黑色霉层，病果易开裂，提早变红。

(6) 番茄枯萎病。番茄枯萎病主要为害番茄根茎部，主要表现为成株期发病。成株期发病初始，叶片在中午萎蔫下垂，并由下而上变黄，后变褐色萎蔫下垂，早晚又恢复正常，叶色变淡，似缺水状，病情由下向上发展，反复数天后，逐渐遍及整株叶片萎蔫下垂，叶片不再复原，最后全株枯死。横剖病茎，可见病部维管束呈褐色。湿度高时，死株的茎基部常布粉红色霉层。

(二) 虫害

(1) 美洲斑潜蝇。美洲斑潜蝇成虫小，体长1.3~2.3毫米，浅灰黑色，胸背板亮黑色，体腹面黄色，雌虫体比雄虫大。成虫和幼虫均可为害植物。雌虫以产卵器刺伤寄主叶片，形成小白点，并在其中取食汁液和产卵。幼虫蛀食叶肉组织，形成先细后宽的蛇形弯曲或蛇形盘绕虫道，其内有交替排列整齐的黑色虫卵；成虫产卵取食也造成伤斑。受害重的叶片表面布满白色的蛇形潜道及刻点，严重影响植株的发育和生长。

(2) 番茄斑潜蝇。番茄斑潜蝇成虫翅长约 2 毫米，除复眼、单眼三角区、后头及胸、腹背面大体黑色，其余部分和小盾板基本黄色。成虫内、外顶鬃均着生在黄色区。

幼虫孵化后潜食叶肉，呈曲折蜿蜒的食痕，番茄苗期 2~7 叶期受害多，严重时潜痕密布，致叶片发黄、枯焦或脱落。虫道的终端不明显变宽。

(3) 茶黄螨。雌成螨长约 0.21 毫米，体躯阔卵形，体分节不明显，淡黄色至黄绿色，半透明有光泽，足 4 对，沿背中线有 1 白色条纹，腹部末端平截。雄成螨体长约 0.19 毫米，体躯近六角形，淡黄色至黄绿色，腹末有锥台形尾吸盘，足较长且粗壮。

以成螨和幼螨集中在蔬菜幼嫩部分刺吸为害。受害叶片背面呈灰褐色或黄褐色，油渍状，叶片边缘向下卷曲；受害嫩茎、嫩枝变黄褐色，扭曲变形，严重时植株顶部干枯；受害果实果皮变黄褐色。该虫害主要在夏、秋露地发生。

(4) 茄二十八星瓢虫。成虫体长 6 毫米，半球形，黄褐色，体表密生黄色细毛。前胸背板上有 6 个黑点，中间的 2 个常连成 1 个横斑，每个鞘翅上有 14 个黑斑，其中第二列 4 个黑斑呈一直线。

成虫和幼虫食叶肉，蚕食后叶片表皮呈网状，严重时全叶食尽，此外该虫喜食瓜果表面，受害部位变硬，带有苦味，影响产量和质量。

(5) 棉铃虫。棉铃虫对番茄的为害，在不同的器官上表现是不一的，一是对成熟的果实只蛀食果内的部分果肉，但常因蛀孔在降水或喷灌进水后溃烂；二是幼果先被蛀食，然后逐步被掏空；三是幼蕾受害后，萼片张开，进而变黄脱落；四是蚕食部分幼芽、幼叶和嫩茎，常使嫩茎折断。棉铃虫一旦大量发生，番茄的产量和品质会受到严重影响。

第九章 蔬菜病虫害综合防控技术

三、甘蓝主要病虫害

（一）病害

（1）甘蓝软腐病。甘蓝软腐病发病，一般始于甘蓝结球期，初在外叶或叶球基部出现水渍状斑，植株外层包叶中午萎蔫，早晚恢复，数天后外层叶片不再恢复，病部开始腐烂，叶球外露或植株基部逐渐腐烂成泥状，或塌倒溃烂，叶柄或根茎基部的组织呈灰褐色软腐，严重时全株腐烂，病部散发出恶臭味。

（2）甘蓝根肿病。染病后植株地上部萎蔫，叶片变黄，致根生长不良，扒开根际土壤可见根部出现肿大的根瘤状物，纺锤形或不规则状。

（3）甘蓝黑腐病。甘蓝黑腐病发病时，叶片上产生"V"形黄褐色病斑，导管（又称维管束）变黑色。叶片腐烂时，不发生恶臭，可区别于软腐病。

（4）甘蓝菌核病。成株受害多发生在近地表的茎、叶柄或叶片上，初生水渍状淡褐色病斑，引起叶球或茎基部腐烂，但不发生恶臭，在病部表面长出白色棉絮状菌丝体及黑色鼠粪状菌核。

（5）甘蓝根结线虫病。该病主要发生在甘蓝根部的须根或侧根上，病部产生肥肿畸形瘤状根结，解剖根结可见很小的白色线虫埋于其内。一般在根结之上可生出细弱新根，再度染病，则形成根结状肿瘤。地上部发病轻时症状不明显，发病重时矮小，发育不良，结实少，干旱时中午萎蔫或提早枯死。

（二）虫害

（1）甘蓝蚜。甘蓝蚜刺吸植物汁液，造成叶片卷缩变形、植株生长不良，影响包心，并因大量排泄蜜露、蜕皮而污染叶面，降低蔬菜商品价值。甘蓝蚜能传播病毒病。

(2) 甘蓝夜蛾。甘蓝夜蛾食性杂，除为害甘蓝、白菜外，还为害各种十字花科蔬菜及其他蔬菜。初孵幼虫群集在叶背啃食叶片，残留表皮呈"小天窗"状，稍大时渐分散，被食叶片呈小孔、缺刻状。四龄后蚕食叶片。

(3) 球茎甘蓝银纹夜蛾。初孵幼虫群集在叶背面剥食叶肉，残留表皮，大龄幼虫则分散为害，蚕食叶片成孔洞或缺刻。

四、芹菜主要病虫害

(一) 病害

(1) 芹菜叶斑病。该病为害植株时，首先在叶边缘、叶柄处发病，逐步蔓延到整个叶片，叶片被害初呈黄绿色水渍状斑，后发展为圆形或不规则形，不受叶脉限制，严重时病斑扩大汇合成斑块，终致整个叶片变黄枯死。茎或叶柄处受害时，病斑椭圆形，病斑大小3~23毫米，开始为黄色，逐渐变成灰褐色凹陷，茎秆开裂，严重时茎秆缢缩、倒伏，高湿时腐烂。发病后期，叶面、叶背均长出灰白色霉层。

(2) 芹菜叶枯病。芹菜叶枯病主要为害芹菜的叶片、叶柄和茎。叶片染病，一般从植株下部老叶开始，渐向新叶发展，病斑初为淡黄色，后变为淡褐色油渍状小斑点，边缘明显，后发展为不规则形斑，颜色由浅黄色变为灰白色，病斑中心坏死。后期病斑边缘为深褐色，中央散生小黑点。根据病斑的大小，分为大斑型和小斑型。叶柄和茎受害，病斑初为水渍状小点，后发展为淡褐色长圆形凹陷病斑，中间散生黑色小点。严重时，叶枯，茎秆腐烂。

(3) 芹菜菌核病。芹菜菌核病可为害芹菜的叶片、叶柄和茎，一般叶片首先发病，呈暗色污斑，潮湿时表面密生白色霉层。然后向下蔓延引起叶柄和茎发病。受害部位呈褐色水渍状，湿度大时形成软腐，表面长出白色菌丝，最后茎组织腐烂呈纤维状，茎内中空，形成鼠粪状黑色菌核。

（4）芹菜灰霉病。芹菜苗期多从幼苗根茎部发病，呈水渍状坏死斑，表面密生灰色霉层。成株期地上部均可发病，一般开始多从植株有结露的心叶或下部有伤口的叶片、叶柄或枯黄衰弱的外叶先发病，初为水渍状，后病部软化、腐烂或萎蔫，病部长出灰色霉层。严重时，芹菜整株腐烂。

（二）虫害

（1）芹菜根结线虫。此虫仅为害根部。芹菜被害后，地上植株，轻者症状不明显，重者生长不良，植株比较矮小，中午气温较高时，植株呈萎蔫状态，早晚气温较低或浇水后，暂时萎蔫的植株又可恢复正常。根部以侧根和须根最易被害，上有大大小小的不同的根结，开始呈白色，后来成浅褐色。剖开根结，可见病部组织里有很小的乳白色线虫。

（2）温室白粉虱。温室白粉虱主要以吸食芹菜植株汁液为生，引起被害叶片褪绿、变黄、萎蔫，甚至全株枯死，同时分泌大量蜜液，严重污染叶片，从而导致煤污病的发生，使蔬菜失去商品价值。

（3）芹菜潜叶蝇。芹菜潜叶蝇主要为害芹菜植物叶片，幼虫钻入叶片组织啃食叶肉组织，造成叶片呈不规则形白色条斑，逐渐枯黄，叶片内叶绿素分解，叶片中糖分降低，为害严重时被害植株叶黄脱落，甚至死苗。

第二节 病虫害综合防控技术

一、设施黄瓜病虫害综合防控技术

（一）特色优点

为有效控制设施黄瓜病虫害发生，针对不同黄瓜种植季节模式病虫害的发生规律，从减少打药次数和降低成本入手，抓住关键防控环节，力推生物新药剂、新施药技术，制订了一套全生育期病虫害预防方案，延长施药间隔期的无害化，推进了病虫害防治的规程化、细致化，同时达到绿色食品蔬菜生产标准。设施黄瓜病虫害综合防控技术方案可操作性、实用性强，简便易行，科学实用。

（二）适用范围

防控黄瓜易发生的茎基腐病、猝倒病、霜霉病、白粉病、靶斑病、叶斑病、灰霉病、角斑病、菌核病、立枯病、炭疽病、烟粉虱和蚜虫等病虫害。

（三）投资测算

运用本技术方案，短季每茬用药费用在400元/亩左右，长季每茬用药费用在700元/亩左右，可切实保障防控绿色食品黄瓜生产主要病虫害的发生，年亩增收在万元以上，投资收益率达1∶30以上。

（四）技术要点

（1）春季防控技术（3—6月）。

第一步：定植前进行土壤封闭处理，用40毫升62.5%精甲·咯菌腈悬浮剂对水60升，喷施穴坑或垄沟，主要是防控茎基腐病和猝倒病及烂根、死棵。

第二步：随移栽采用25%嘧菌酯悬浮剂60~70毫升+35%噻虫嗪悬浮剂40毫升混合对水60升，随浇定植水之后灌根，主要防治根腐、烂根、烟粉虱和蚜虫及净化土壤根系生存环境和壮秧，持效期45天，辅架设防虫网和黄板。

第三步：从移栽田间缓苗7~10天后，开始预防喷施56%嘧菌酯·百菌清悬浮剂，每喷雾器桶可用20毫升药对水15升，每亩每次喷施2桶，喷完第一次后间隔8~10天后再进行下一步操作，下面依此类推。嘧菌酯·百菌清主要预防定植后由各种真菌引起的病害，如灰霉病、霜霉病、菌核病等。

第四步：用 10 毫升 25%嘧菌酯悬浮剂对水 15 升进行喷施，每 15 天喷施一次。该药剂主要是广谱性防控真菌引起的病害，培育健壮性植株等。

第五步：用 10 毫升 25%嘧菌酯悬浮剂+15 毫升 687.5 克/升氟吡菌胺·霜霉威水剂对水 15 升进行喷施，每 14 天喷施一次。该药剂主要预防结瓜初期霜霉病的发生与流行病等。

第六步：用 10 毫升 25%嘧菌酯悬浮剂+30 克 47%春雷·王铜可湿性粉剂混合对水 15 升进行喷施，每 15 天喷施一次。该药剂主要防控霜霉病、靶斑病和细菌性角斑病等。

第七步：用 50%啶酰菌胺水分散粒剂一次，15 毫升对水 15 升进行喷施，每 10 天喷施一次。该药剂主要防控灰霉病和菌核病。

第八步：用 10 毫升 32.5%苯甲·嘧菌酯悬浮剂对水 15 升进行喷施，每 15 天喷施一次。此步可采取灌根或冲施灌药，这样持效期延长 20~25 天，防病效果更好。主要预防靶斑病、炭疽病和进行整体性保健防控。

第九步：用 10 毫升 29%吡萘·嘧菌酯悬浮剂对水 15 升进行喷施，每 10~12 天喷施一次。该药剂主要预防白粉病、炭疽病、靶斑病等。

第十步：用 100 克 75%百菌清可湿性粉剂对水 45 升进行喷施，直至收获，可视周围病害防控实际情况放弃或继续进行药剂防控，全程防控 91~100 天。

（2）秋季防控技术（7—10 月）。

第一步：定植前进行土壤封闭处理，用 40 毫升 62.5%精甲·咯菌腈悬浮剂对水 60 升，喷施穴坑或垄沟，主要防控茎基腐病和猝倒病及烂根、死棵。

第二步：随移栽采用60毫升25%嘧菌酯悬浮剂+40毫升70%噻虫嗪悬浮剂对水60升，随浇定植水之后灌根，主要防治黄瓜根腐、烂根、烟粉虱和蚜虫及净化土壤根系生存环境和壮秧，持效期45天，辅架设防虫网和黄板。

第三步：从移栽田间缓苗7~10天后，开始预防喷施56%嘧菌酯·百菌清悬浮剂，每喷雾器桶可用20毫升药对水15升，每亩每次喷施2桶。喷完第一次后隔7~10天以后再进行下一步操作，下面依此类推。嘧菌酯·百菌清主要预防定植后由各种真菌引起的病害，如靶斑病、霜霉病、炭疽病等。

第四步：用10毫升25%嘧菌酯悬浮剂+30克47%春雷·王铜可湿性粉剂对水15升进行喷施，每10天喷施一次。该药剂主要预防靶斑病、炭疽病、霜霉病、细菌性角斑病、细菌性叶斑病等。

第五步：用5毫升68.75%氟菌·霜霉威对水15升进行喷施，每12天喷施一次，主要防控霜霉病等。

第六步：用60~100毫升25%嘧菌酯悬浮剂对水60升滴灌、冲施沟灌或淋灌植株施药，每15天防治一次，主要防控霜霉病，培植健壮黄瓜植株等。

第七步：用10毫升32.5%吡萘·嘧菌酯悬浮剂对水15升进行喷施，每10~12天喷施一次。主要防控白粉病、靶斑病、叶斑病和霜霉病等。

第八步：喷施50%啶酰菌胺可湿性粉剂+47%春雷·王铜可湿性粉剂一次，或用15毫升氟吡菌胺+30克春雷·王铜对水15升，10天喷施一次，主要防控白粉病、靶斑病、菌核病和细菌性斑点病等。

第九步：用100克75%百菌清可湿性粉剂对水45升进行喷施，直至收获。可视周围病害防控实际情况放弃或继续进行药剂防控，全程防控68~78天。

(3) 越冬—大茬防控技术（11月至翌年5月）。

第一步：定植前进行土壤封闭处理，用40毫升62.5%精甲·咯菌腈悬浮种衣剂对水60升，喷施穴坑或垄沟，主要防控黄瓜茎基腐病和猝倒病及烂根、死棵。

第二步：随移栽黄瓜采用60毫升25%嘧菌酯悬浮剂+40毫升35%噻虫嗪水分散粒剂对水60升，随浇定植水之后灌根，主要防治根腐、烂根、烟粉虱、蚜虫及净化土壤根系生存环境和壮秧，持效期45天，并架设防虫网和黄板。

第三步：从移栽田间缓苗7~10天后，开始预防喷施56%嘧菌酯·百菌清悬浮剂，每喷雾器桶可用20毫升药对水15升，每亩每次喷施2桶。喷完第一次后间隔8~10天后再进行下一步操作，下面依此类推。嘧菌酯·百菌清主要防控定植后的真菌性病害，并且不伤花和不刺激生长点。

第四步：用10毫升25%嘧菌酯悬浮剂+30克47%春雷·王铜可湿性粉剂对水15升进行喷施，每10天喷施一次，主要预防靶斑病、灰霉病、霜霉病、细菌性角斑病、细菌性叶斑病等。

第五步：用15毫升68.75%氟菌·霜霉威悬浮剂对水15升，12天喷施一次，主要防控霜霉病，培植健壮黄瓜植株等。

第六步：用10毫升32.5%吡萘·嘧菌酯悬浮剂10毫升+30克47%春雷·王铜可湿性粉剂混合对水15升进行喷施，每10~12天喷施一次，主要防控白粉病、靶斑病、叶斑病、霜霉病和细菌性角斑病等。

第七步：用60~100毫升25%嘧菌酯悬浮剂对水60升灌根一次，滴灌、冲施沟灌或淋灌植株施药，每20~25天防治一次。该药剂主要防控霜霉病、白粉病、靶斑病、叶斑病，培植健壮黄瓜植株，延长持效期和减少喷药劳动强度等。

第八步：用10毫升32.5%苯甲·嘧菌酯悬浮剂对水16升进行喷施，每7~10天喷施一次。该药剂主要强化防控白粉病、靶斑病、叶斑病、霜霉病的等。

第九步：用32.5%吡萘·嘧菌酯悬浮剂+3.4%赤·吲乙·芸苔混合对水进行喷施，每10~12天喷施一次。该药剂主要防控白粉病、靶斑病、叶斑病、霜霉病和增强植株抗寒性及克服低温下分化等障碍。

第十步：用50%咯菌腈可湿性粉剂对水15升喷瓜头一次，每10天喷施一次，主要防控灰霉病、菌核病等。

第十一步：用20毫升56%嘧菌酯·百菌清悬浮剂对水15升进行喷施。如果没有病害发生，可在第一次喷施10天后再喷一次，以期降低药剂成本，维持系统化防控大环境。该药剂重点防控白粉病、靶斑病、叶斑病、霜霉病等。

第十二步：用60~100毫升25%嘧菌酯悬浮剂对水60升灌根一次，滴灌、冲施沟灌或淋灌植株施药，20天防治一次，促生长防死秧、保健壮。

第十三步：用30%吡萘·嘧菌酯悬浮剂+3.4%赤·吲乙·芸苔混合对水，进行喷施，每10~12天喷施一次。该药剂主要防控白粉病、靶斑病、叶斑病、霜霉病和增强植株抗寒性等。

第十四步：用3克50%咯菌腈可湿性粉剂对水15升进行喷施，每20天喷施一次，重点防控灰霉病、菌核病及净化瓜花和瓜脐带的各种病菌等。

第十五步：用100克75%百菌清可湿性粉剂对水45升进行喷施，直至收获。可视黄瓜健康情况，掌握后期施药次数。

同时，越冬棚室内要注意随时观察瓜头，进行灰霉病的蘸药预防措施，即用咯菌腈对黄瓜花进行蘸花，防灰霉病发生。注意细菌性病害，及时采取"阿加组合"：10毫升25%嘧菌酯悬浮剂+30克47%春雷·王铜可湿性粉剂对水15升，喷施防治。

二、设施番茄病虫害绿色防控技术

(一) 特色优点

为有效控制设施番茄病虫害发生，根据不同番茄种植模式和病虫害的发生规律，从减少打药次数和降低成本入手，抓住关键防控环节，力推生物新药剂、新施药技术，制订了一套全生育期病虫害预防方案，延长施药间隔期的无害化，推进了病虫害防治的规程化、细致化。药剂防治同时，也要注意结合一些如地膜降低湿度、黄板防治白粉虱、紫光灯捕杀、性诱剂捕杀及生物防治等措施，从各方面降低病虫害的损失，达到绿色食品蔬菜生产标准。设施番茄病虫害绿色防控技术方案可操作性、实用性强，简便易行，科学实用。

适用范围：防控番茄易发生的猝倒病、茎基腐病、灰霉病、溃疡病（细菌性病虫害）、晚疫病、叶霉病、灰叶斑病和烟粉虱等病虫害。

测算运用本技术：用药费用在200元/亩左右，可切实保障绿色食品番茄生产防治主要病虫害的发生，年亩增收在万元以上，投资收益率达1:50以上。

(二) 技术要点

(1) 春季防控方案。定植前药剂封闭土壤表面，即配制68%精甲霜·锰锌水分散粒剂500倍液，对定植田间的定植穴（坑）进行封闭土壤表面喷施，后进行秧苗定植，这种方法是当前菜农科技示范最有效的防控茎基腐病的经验。然后，进行以下系统化施药防控程序。

移栽田间缓苗后，7~10天后开始喷药。

第一步：在番茄秧苗至开花前期，喷75%百菌清可湿性粉剂一次，每100克药对水45升，每7~10天防治一次，可全面预防秧苗期各种病虫害，且该药剂温和，不伤花、不易出药害。

第二步：在第一穗开花坐果期，喷25%嘧菌酯悬浮剂+47%春雷·王铜可湿性粉剂一次，10毫升嘧菌酯+30克春雷·王铜对水15升，每15~20天防治一次，可全面防控番茄叶霉病、灰霉病、早晚疫病和溃疡病。初花期是嘧菌酯保健性防病的关键用药时期。

第三步：在第一穗坐果的幼果期和第二穗开花期，喷50%咯菌腈可湿性粉剂3 000倍液一次，每3克药对水15升，每14天防治一次，重点防控番茄灰霉病的发生，需要对番茄幼果进行灰霉病菌绝杀，必须使用50%咯菌腈可湿性粉剂3 000倍液或50%啶酰菌胺可湿性粉剂1 200倍液喷幼果，以保证最佳防治效果。

第四步：在第一穗幼果膨大期、第二穗幼果期和第三穗花期，喷"阿加组合"一次。即10毫升25%嘧菌酯悬浮剂+30克47%春雷·王铜可湿性粉剂对水15升，每15~20天防治一次。重点防控番茄初果穗期溃疡病、灰霉病和晚疫病的发生。

第五步：在第一穗幼果初长成，第二、第三穗幼果膨大期和第四穗开花期，用10毫升25%嘧菌酯悬浮剂对水15升进行喷施，每20天防治一次。重点加强免疫性预防、壮秧、保秧、保果。到盛果期，番茄植株、叶片和果实基本长成，搭起了丰产的基本架构。

第六步：在成熟转色陆续上市收获期，用10克10%苯醚甲环唑水分散粒剂对水15升进行喷施防治，每7~10天防治一次。主要使用内吸性杀菌剂防控叶霉病、灰叶斑病，为壮秧保驾护航。

（2）秋季防控方案。定植前进行药剂封闭土壤表面，即配制68%精甲霜·锰锌水分散粒剂500倍液+35%噻虫嗪悬浮剂3 000倍液种子处理剂，对定植田间的定植穴（坑）进行封闭土

第九章 蔬菜病虫害综合防控技术

壤表面喷施或淋根，后进行秧苗定植，这种方法是当前菜农科技示范最有效的防控茎基腐病、烟粉虱的最佳方法和经验，用35%噻虫嗪悬浮剂灌根可防控烟粉虱30天以上，附加防虫网和黄板诱杀基本可以防控秋季烟粉虱的为害。然后，进行以下系统化施药防控程序。

移栽田间缓苗后，7~10天后开始喷药。

第一步：在秧苗至开花初期，用100毫升56%嘧菌酯悬浮剂对水60升进行喷施，每7~10天喷施一次，可全面预防秧苗期各种病虫害，且该药剂温和、不伤花、不易出药害。

第二步：在第一穗坐果的幼果期和第二穗开花期，用25%嘧菌酯悬浮剂灌根一次，每亩地用药100毫升随水滴灌或对水90~105升淋灌植株均可，每20天喷施一次，重点是保健性防控叶霉病和早期灰叶斑病，同时促进壮秧、保果。

第三步：在第一穗坐果的幼果期和第二穗开花期，用10毫升32.5%苯甲·嘧菌酯悬浮剂对水15升进行喷施，每15~20天喷施一次。主要防控番茄果穗期叶霉病和灰叶斑病的发生，该时期是苯甲·嘧菌酯免疫性防病的关键用药时期。

第四步：在第一穗幼果膨大期、第二穗幼果期和第三穗花期，用10克10%苯醚甲环唑水分散粒剂乳油对水15升或68.75%氟吡菌胺·霜霉威水剂800倍液进行喷施，每7天喷施一次，防治晚疫病。

第五步：在第一穗幼果初长成，第二、第三穗幼果膨大期和第四穗开花期，喷25%嘧菌酯悬浮剂一次，每10毫升药对水15升，每15~20天喷施一次，重点是为盛果期保驾护航。到盛果期，番茄植株、叶片和果实基本长成，搭起丰产的基本架构。

第六步：在盛果期，用30克75%百菌清可湿性粉剂对水15升进行喷施，每10天喷施一次。

第七步：喷施5毫升30%苯醚甲环唑乳油对水15升，25天喷施一次。盛果末期,基本处于丰收后期,主要防控叶霉病。

三、叶菜类蔬菜绿色防控技术

甘蓝与芹菜从定植到收获均约为 80 天,其绿色防控技术基本操作如下。

(1)定植前进行土壤地面封闭处理:68%精甲霜·锰锌可湿性粉剂 60 克对水 30 升,喷施穴坑或垄沟(此步同防控番茄茎基腐病和猝倒病及烂根)。

(2)移栽甘蓝随定植水灌根 25%嘧菌酯悬浮剂:30 克嘧菌酯对水 32 千克淋根(此步作用在于菜田健根不黑根、不死棵)。

(3)莲座期至包头初期喷施一次 30%氯虫·噻虫嗪悬浮剂 1 500 倍液+56%嘧菌酯·百菌清悬浮剂 1 000 倍液,直至收获。

四、蔬菜种子包衣防病技术

用 10 毫升 62.5%精甲·咯菌腈悬浮剂对水 150~200 毫升可包衣 4 千克种子,可有效防治苗期立枯病、炭疽病、猝倒病发生;或用 50℃温水浸种 20 分钟后,用 40%百菌清悬浮剂 500 倍液浸泡 30 分钟后播种。

五、苗床土消毒技术

取没有种过蔬菜的大田土与腐熟的有机肥按 6:4 混匀,并按 50 千克苗床土加入杀菌剂 20 克 68%精甲霜·锰锌水分散粒剂和 10 毫升 2.5%咯菌腈悬浮种衣剂拌土一起过筛混匀。用这样的土壤装营养钵或铺在育苗畦上,可以避免苗期立枯病、炭疽病和猝倒病的危害,还可以将上述药液稀释 200~400 倍液在播种前喷洒苗床表面,然后把种子播在含药的土壤中,有较好的预防苗期病害的作用。

六、苗期灌根防治蚜虫、白粉虱及传毒媒介新技术

用强内吸性杀虫剂25%噻虫嗪水分散粒剂，在移栽前2~3天时，1 500~2 500倍液喷淋幼苗，使药液除叶片以外还要渗透到土壤中。平均每平方米苗床喷药液2千克左右；或用4克药对水15升，喷淋100棵幼苗，持效期可达20~30天，有很好的防治蚜虫、白粉虱和预防媒介害虫传毒病毒病的作用。

第十章 果树病虫害综合防控技术

第一节 主要病虫害

一、柑橘主要病虫害

（一）病害

（1）黄龙病。黄龙病是柑橘产区的一种毁灭性病害，危及所有柑橘品种。该病传播途径有两种，一是虫害传播，如柑橘木虱、蚜虫、潜叶蛾、锈壁虱等，二是由外地引入带病苗木或者从病树上采穗嫁接传播。

初病时树枝梢出现黄梢和叶片出现黄绿相间斑驳，最后全叶均匀黄化，黄化叶片易脱落，枝叶变稀疏，不定期抽梢，抽出的新梢短，叶小，多成枯枝。病树开花早而多，多半是无叶花，果实小，皮硬，畸形果多，着色不均匀，果蒂部位红色，其他部位为绿色，称之为"红鼻果"。

（2）炭疽病。炭疽病病原是一种真菌，病菌在嫩叶及幼果期就已经侵入柑橘组织内部，是柑橘最常见的病害，它具有为害广和为害时间长的特点。

炭疽病主要为害柑橘叶片、枝条、花、果实和果柄，常造成大量落叶，枝条枯死，大量落花、落果和果实腐烂。急性型症状叶片上先出现淡青色或暗褐色的小斑块，枝梢上常在嫩梢

第十章　果树病虫害综合防控技术

顶端处突然发病,病斑边缘不清晰,像开水烫一样;叶片呈波纹圆形黄褐色,枝条呈暗绿色水渍状,后变黑;慢性型症状病斑多出现在叶缘和叶尖上,浅灰褐色,边缘深褐色,病部与健康部界限明显。幼果染炭疽病先出现暗绿色油渍状而不规则形的斑点,后逐渐扩至全果,变成僵果而不落。

(3)疮痂病。疮痂病是一种真菌性病菌,病原为半知菌亚门真菌,以风雨、昆虫为传播媒介。

疮痂病主要为害柑橘叶片、梢和果实,发病初期出现水渍状小斑点,后变为蜡黄色,突起,后逐渐变黄褐色病斑,四周有水渍晕环,随叶片的生长病斑逐渐扩大,最后木栓化。叶片受害后扭曲畸形,幼果受害后果面形成瘤状突起。柑橘早期受害引起落果,后期受害影响果实长大和外观。

(4)其他病害。柑橘其他病害为害状及发生规律见表10-1。

表10-1　柑橘其他病害为害状及发生规律

名称	为害状	发生规律
溃疡病	为害叶片、果实和枝梢。发病初期病部产生暗黄色油渍状小斑点后病部隆起,呈米黄色海绵状物,后期病斑淡褐色,中央灰白色,并在病健部交界处形成一圈褐色釉光	病菌在病残体内越冬,翌年春季遇水由病部溢出。通过雨水、昆虫、苗木、接穗和果实进行传播,从气孔、皮孔或伤口侵入
黄斑病	为害叶片。黄斑型:发病初期叶背面有油渍状小黄斑,后黄斑变成黄褐色或暗褐色,最终形成疮痂状黄色斑块。褐色小圆斑型:发病初期在叶面产生凸起小病斑,后扩大,中部凹陷,变为灰褐色,后期病部可见密生黑色小颗粒	病菌在病叶中越冬,翌年春季遇适宜温湿度开始产生孢子,通过风雨传播,后侵入叶片,叶片染病。一般春梢叶片重于夏秋梢,老树弱树易发病

(续表)

名称	为害状	发生规律
黑星病	为害果实。黑星型：发病初期病斑圆形，红褐色，后期病斑呈红褐色至黑色，中部略凹陷，为病菌在病组织上越冬，翌年春季条件适宜时散出分生孢子，借风雨或昆虫传播，有的灰褐色。黑斑型：发病初期斑点为淡黄色或橙黄色，后扩大形成不规则的黑色大病斑，中央部分有许多黑色小粒点	侵染特点。春季温暖高湿发病重；树势衰弱、树冠郁密、低洼积水地、通风透光差的橘园发病重
脚腐病	根颈部染病，发病初期病部褐色，湿腐，具酒糟气味，流有胶液，后期病部常干裂，条件适宜病斑迅速扩展，严重时环绕整个树干，致橘树死亡	病菌在病组织内越冬，借雨水飞溅传播，侵入为害，有再侵染特点。高温多雨季节发病重；地势低洼，排水不良，树冠郁闭、通风透光差，发病重
煤污病	发病初期在病部生一层暗褐色小霉点，后期逐渐扩大，直至形成绒毛状黑色或暗褐色霉层，并散生黑色小点	病菌在病部越冬，翌年春季由霉层上飞散孢子借风雨传播，并以蚜虫、介壳虫、粉虱的分泌物为营养，辗转为害。荫蔽潮湿及管理不善的橘园，发病重

(二) 主要害虫

柑橘的物候期长，害虫种类繁多，为害严重。准确识别，对症下药能让果农们对柑橘的管理更加得心应手。

(1) 柑橘木虱。柑橘木虱主要为害新芽嫩梢，是柑橘的主要害虫。柑橘木虱以成虫和若虫群集嫩梢、幼叶和新芽上吸食为害，导致嫩梢幼芽凋萎，新梢弯曲，嫩叶变形扭曲，且若虫的白色分泌物俗称"蜜露"，洒布在枝叶上可引起煤污病，影响植株的光合作用。但与直接取食为害相比，柑橘木虱最大的为害是作为传播媒介传播柑橘黄龙病。

第十章 果树病虫害综合防控技术

柑橘木虱每年有3个数量高峰，与春、夏、秋梢期相吻合。由柑橘木虱造成的损害通常在秋梢期最严重，夏梢期次之。

（2）柑橘全爪螨（柑橘红蜘蛛）。柑橘全爪螨主要为害柑橘叶片、枝梢和果实。叶、果被害严重时变灰白色，失去光泽，直至枯黄而脱落。4—6月和9—11月为该虫害的发生高峰期。

柑橘全爪螨主要以卵和成螨在潜叶蛾为害的僵叶内及叶背越冬，部分在枝条裂缝内越冬，有的地区没有明显的越冬现象。世代重叠，一般一年发生12~20代。发育和繁殖的适宜温度为20~28℃。雌螨产卵以叶背主脉两侧居多。柑橘全爪螨喜光趋嫩，因此幼树幼苗虫口数量一般较成年树大、受害重。

（3）锈壁虱。锈壁虱主要以幼、若螨群集在柑橘的枝、叶、果上为害，被害果皮或叶片背面变成黑褐色，以口针刺入柑橘叶、果、幼嫩组织内吸食汁液，使被害叶、果的细胞破裂，果皮或叶片变成污黑色。为害严重时，常引起落叶和黑皮果，导致树势衰弱。7—9月是锈壁虱发生和为害盛期。

柑橘锈壁虱以成螨在夏、秋梢的腋芽、叶片、嫩枝及由其他病虫害引起的卷叶内越冬，翌年3—4月，越冬成螨从越冬处转移到新梢、新叶上为害和繁殖，5月下旬至6月中旬此虫陆续为害幼果，7—9月盛发。锈壁虱性喜荫蔽，常从树冠下部和内膛向上部和外围扩展。一年发生18~20代，世代重叠，易于成灾。卵散产于叶背和果下方凹陷处，借风力、苗木、昆虫、器械及人为因素传播。柑橘锈壁虱发生最适温度26℃左右。

（4）实蝇类。柑橘大实蝇为国内外植物检疫对象。成虫产卵于幼果内，产卵处果面多呈乳突状微褪绿变黄。幼虫孵出后即蛀入果实和种子，使果实未熟先黄（多为半边黄），黄中带红，果实进而腐烂脱落。

成虫在5月中下旬至6月中下旬为羽化高峰，成虫先在地面草丛中爬行，展翅后飞入附近有蜜源的地方活动，出土20天后开始交配产卵。8—9月先后孵化为幼虫蛀入果内,9月下旬后幼虫随落果入土化蛹。该虫主要依赖带幼虫的虫果运输和带蛹的带土苗木调运而进行远距离传播扩散。

二、苹果主要病虫害

(一)病害

(1)苹果轮纹病。苹果轮纹病又称苹果粗皮病。苹果枝干发病初期以皮孔为中心,形成扁圆形、红褐色病斑,病斑中间凸起呈瘤状,边缘开裂,以病斑为中心连年向外扩展,形成同心轮纹状大斑。果实多在近熟期或贮藏期发病,以果点为中心呈深浅相间的同心轮纹状病斑。

该病菌丝在枝干组织中可潜伏4~5年,春季气温升高到15℃以上时,遇水散发孢子。病菌于苹果花期侵入,在幼果内潜伏期80~150天,在成熟前的果实内潜育期仅20天左右,在苹果成熟期和贮藏后半月果实大量发病。

(2)苹果腐烂病。苹果腐烂病为害树皮,使树皮腐烂、坏死,削弱树势,枝干上的病部腐烂及一圈时,病部以上枝条随即死亡。苹果树腐烂病的症状,一般表现有两种:一种是溃疡型,另一种是枯枝型。

苹果树腐烂病病菌在病树、病枝的皮层中越冬,分生孢子主要通过雨水冲散后随风传播。病菌有潜伏侵染特性,病菌为弱寄生菌。此病在树体上的周年变化是,7月中旬至9月,病菌在新落皮层陆续入侵并发生表面溃疡,从10月底起,表皮溃疡层扩展为较大病疤,11月后病斑开始发展,至翌年1月病疤数量剧增,2—3月病疤迅速扩展,严重危害树体,5月病疤扩展逐渐停止。

(3)其他病害。苹果其他病害为害状及发生规律见表10-2。

表 10-2 苹果其他病害为害状及发生规律

名称	为害状	发生规律
苹果褐斑病	病斑为绿色晕圈或斑块，易早期落叶。果实近成熟时，果面产生近圆形的褐色凹陷斑块，边缘清晰，皮下浅层果肉变褐色，呈海绵状干腐	以菌丝体和分生孢子盘在病叶上越冬。翌年4—5月多雨时，落叶湿润后可产生大量孢子通过风、雨传播。5月下旬始见病斑，7月进入扩展盛期。7月、8月、9月高温、多湿、闷热天气利于该病的扩展蔓延
苹果斑点落叶病	开始嫩叶上产生褐色、深褐色圆形斑点，周围有紫色晕圈，病斑边缘清晰。秋梢发病严重时形成大型焦枯斑。果实多在近熟期受害，以果点为中心产生近圆形褐斑，病斑下果肉数层细胞变褐色，呈木栓化干腐状	以菌丝体在被害叶和枝条上越冬。翌年春季分生孢子随气流传播，侵染春梢嫩叶。春季有雨时发病早而多，夏季有连阴雨时，病害发生早且重，7月上中旬即有落叶。在病斑出现后20天即产生分生孢子再侵染。此病易侵染35天内的嫩叶。8月高温多雨，新梢叶片发病严重造成大量落叶。9月下旬病害停止发展

（二）虫害

为害苹果的害虫达50余种，其中造成严重为害的有食心虫类、卷叶蛾类、潜叶蛾类、食叶害虫类、蚜虫类、蚧类、金龟子类以及螨类等。

（1）食心虫类。该类害虫主要是"三小一大"，即桃小食心虫、苹小食心虫、梨小食心虫和梨大食心虫。以桃小食心虫为例，说明其为害特点及发生规律。

①为害状。苹果受害，果面有针尖大小蛀入孔，孔外溢出泪珠状汁液，干涸后呈白色絮状物。幼虫在果内串食，虫道纵横弯曲，并留有大量虫粪，成"豆沙馅"为害状。果实易腐烂脱落。

②发生规律。桃小食心虫在河北一年发生2代，以老熟幼虫于树冠下距树干1米范围内土中作圆茧越冬。在北方大部分

地区，越冬幼虫于翌年5月上中旬开始出土，5月下旬至6月上旬为出土盛期。出土幼虫在地面爬向土块下等黑暗隐蔽场所结夏茧化蛹。第一代幼虫于7月初至9月上旬陆续老熟脱果落地。第二代幼虫在果内为害至8月中下旬开始脱果，一直延续到10月陆续入土越冬，或随果实被带到堆果场或库中才脱果。

（2）食叶害虫类。该类害虫主要包括苹小卷叶蛾、苹褐卷叶蛾、顶梢卷叶蛾、苹白卷叶蛾、黄斑卷叶蛾、黑星麦蛾等卷叶蛾类，旋纹潜夜蛾、金纹细蛾、银纹细蛾等潜叶蛾类，桑尺蠖、天幕毛虫、舟形毛虫等食叶害虫类。以金纹细蛾为例，说明其为害。

①为害状。金纹细蛾幼虫从叶背潜食叶肉，形成椭圆形的虫斑，叶背表皮皱缩，叶片向背面弯折。叶片正面呈现黄绿色网眼状虫斑，内有黑色虫粪。虫斑常发生在叶片边缘，严重时布满整个叶片。

②发生规律。金纹细蛾在河北一年发生5代，以蛹在被害叶片中越冬，翌年苹果发芽时出现成虫，4月下旬为发生盛期。以后各代成虫发生盛期为，第一代5月下旬至6月上旬，第二代7月上旬，第三代8月上旬，第四代9月中下旬，后期世代重叠，最后一代的幼虫于10月下旬在被害叶的虫斑内化蛹越冬。成虫多在早晨和傍晚前后活动，产卵于嫩叶背面，单粒散产。幼虫孵化后从卵和叶片接触处咬破卵壳，直接蛀入叶内为害。幼虫老熟后在虫斑内化蛹，羽化时蛹壳一半露出虫斑外面。

（3）蚜虫类。苹果园常发生的蚜虫类有苹果绵蚜、绣线菊蚜及苹果瘤蚜等。以苹果绵蚜为例介绍其为害。

①为害状。多在嫩枝上、伤疤处、剪锯口、新梢、叶腋、果梗、根蘖和根部枝条，被害处增粗，呈瘤状，为害根部，被害处变黑腐烂，不形成肿瘤，仅有白色蜡质棉絮状物，嫩梢被害处多为芽节生出白色絮状物。

②发生规律。一年发生 14~20 代,以一、二龄若蚜在苹果树的粗皮裂缝、各种伤口和靠近主干基部的浅层根部越冬,翌年春季苹果树萌芽时,越冬若蚜开始刺吸树体汁液,并沿枝干向上爬行至新梢基部的叶腋进行为害。苹果落花后开始大量繁殖,6 月中下旬为全年的发生高峰期。随着气温的升高,绵蚜的种群数量逐渐降低。9 月以后气温降低,苹果绵蚜的种群数量再次回升,9 月中旬至 10 月中旬为第二个为害高峰期。11 月后绵蚜陆续转移到各种缝隙内越冬,以树枝分叉处下部为多。

苹果绵蚜的近距离传播是由人们在树下操作时衣帽、工具以及修剪下未处理的有虫枝条而引起的。还有主要靠接穗、苗木、果实及其包装物、果筐、果箱的运输传播。近距离主要靠有翅蚜的迁飞或随风雨等传播。

(4) 其他害虫。苹果其他害虫为害状及发生规律见表 10-3。

表 10-3 苹果其他害虫为害状及发生规律

名称	为害状	发生规律
叶螨类(包括山楂红蜘蛛、苹果红蜘蛛、二斑叶螨等)	以成螨、幼螨、若螨集中在叶芽和叶片背面刺吸汁液,严重时整张叶片发黄、焦枯,造成大量落叶、落花和落果	一年发生 3~13 代。以雌螨在树干缝隙、树皮下、枯枝落叶等处越冬。翌年春季越冬雌螨开始出蛰。4 月上中旬开始于叶背主脉两侧陆续产卵,产卵高峰期与苹果的盛花期吻合。第一代卵的孵化期较为集中,第二代以后出现世代重叠,如遇高温干燥,7—8 月会出现全年孵化高峰。8—10 月产生越冬型雌成螨
康氏粉蚧	嫩枝被害处肿胀,造成树皮纵裂枯死。受害果面常出现黄、白、红、绿不同颜色花斑	以卵在被害树干、枝条粗皮缝隙及土壤缝隙中越冬,苹果树发芽时,越冬卵孵化为若虫,取食寄生嫩梢。第一代若虫发生盛期在 5 月中下旬,第二代在 7 月中下旬,第三代在 8 月下旬。康氏粉蚧喜在阴暗的场所群集为害。苹果套袋后,其成虫、若虫能通过袋口孔隙钻入果袋,对果实造成为害

(续表)

名称	为害状	发生规律
金龟子类	为害叶片和嫩芽,严重时仅留下枝干	为害最严重的时期是花期

第二节　综合防控技术

一、柑橘病虫害综合防控技术

长江中下游地区及华南地区是柑橘黄龙病等病虫害多发重发区。重点推行专业化统防统治，促进统防统治与绿色防控融合发展，实施综合治理。在柑橘上推行灯诱、性诱、色诱、食诱"四诱"措施，优先选用生物农药或高效、低毒、低残留农药防治柑橘害虫。

（一）春季防控技术（3—5月）

在春梢萌发、开花期，主要有溃疡病、疮痂病、大实蝇、红蜘蛛等病虫害。推荐采取以下方法。

（1）春芽刚刚萌动时，喷洒一次1∶1∶200倍波尔多液，春梢萌发20~30天后，再喷洒一次70%丙森锌可湿性粉剂500倍液或25%吡唑醚菌酯乳油1 500~2 000倍液，防治炭疽病和溃疡病，同时可兼治黑星病等。

（2）花蕾刚刚现白时，先中耕园地，雨后再进行地面喷施防治1~2次，消灭成虫于产卵之前的花蕾蛆。如错过地面喷药时机，则在多数花蕾现白时，用2.5%溴氰菊酯乳油1 000倍液，每10天喷施一次，连续防治2次，杀死成虫。

（3）红蜘蛛密度大的橘园，应在冬季清园时使用73%炔螨特乳油1 800~3 000倍液喷雾，然后春梢萌芽长至1~2厘米时，用24%螺螨酯悬浮剂3 000倍液+1.8%阿维菌素乳油2 000倍液，喷施防治2次。

（二）夏季防控技术（6—8月）

在夏梢、幼果生长期，防治对象主要是溃疡病、疮痂病、树脂病、黄斑病、炭疽病等病害和红蜘蛛、蚧类、锈壁虱、卷叶蛾等害虫。推荐采取以下方法。

（1）在夏梢期低温多雨时，继续喷施70%丙森锌可湿性粉剂500~600倍液一次，防治炭疽病及疮痂病。如有潜叶蛾为害，应在新梢抽发初期每隔7天左右喷一次2.5%溴氰菊酯乳油1 000倍液，连续防治2~3次，同时可兼治凤蝶幼虫、橘蚜等。

（2）落花后10天、30天、50天各喷一次47%春雷·王铜可湿性粉剂800倍液，防治溃疡病，同时可起到保果的作用。

（3）幼果期每隔10~15天喷一次70%丙森锌可湿性粉剂500~600倍液+75%肟菌戊唑醇水分散粒剂5 000倍液，防治炭疽病，共防治1~2次。

（4）5月树脂病发生的树，喷施一次70%丙森锌可湿性粉剂500~600倍液+75%肟菌·戊唑醇水分散粒剂5 000倍液；或用80%代森锰锌可湿性粉剂500倍液+10%苯醚甲环唑微乳油2 000~2 500倍液，共防治2~3次。

（5）介壳虫发生面积大或为害严重的橘园，重点应在冬季喷药防治；发生面积不大的橘园，应在幼虫盛孵期（5月中旬至7月上旬），每隔25~30天喷施一次22.4%螺虫乙酯悬浮剂4 000倍液，共防治2次。

（6）卷叶蛾发生严重的橘园，应在落花后和幼果期，喷施2.5%溴氰菊酯乳油1 500倍液，共防治2次。

（三）秋季防控技术（9—11月）

在秋梢期、采果前期，防治对象主要是溃疡病、炭疽病、红蜘蛛、锈壁虱、夜蛾类、天牛等病虫害。推荐采用以下防治方法。

（1）秋梢萌发后 10 天、30 天，各喷一次 47%春雷·王铜可湿性粉剂 800 倍液+70%丙森锌可湿性粉剂 500 倍液，防治溃疡病，同时可起到保梢的作用。

（2）如发生脚腐病，应及时刮治，即将病部连同少许健康组织一并刮净，伤口涂上 1：1：10 波尔多液或 2%~5%硫酸铜溶液，待伤口愈合后再覆土。

（3）发生青霉病的橘园，要加强栽培管理，重剪病枝病叶并集中烧毁。采果后 1~2 天内，用 50%多菌灵可湿性粉剂 1 000~1 500 倍液浸泡 5~10 分钟。

（4）9 月炭疽病仍有发生，继续每隔 10~15 天喷 45%咪鲜胺水乳剂 1 500 倍液+30%吡唑·戊唑醇悬浮剂 2 000 倍液，防治炭疽病，共防治 1~2 次。

（5）对锈壁虱发生较重和红蜘蛛仍有发生的橘园，可继续喷药防治，可使用 80%代森锰锌可湿性粉剂 500 倍液或 70%丙森锌可湿性粉剂 500~600 倍液+150 毫升 20%丁硫克百威乳油对水 30~50 千克+25%阿维·乙螨唑 500 倍液。

（6）发生在幼树上的潜叶蛾，可在秋梢大量萌发时，继续喷 2.5%溴氰菊酯乳油 1 000 倍液。

（四）冬季防控技术（12 月至翌年 2 月）

在花芽分化、休眠期，防治对象主要是越冬病虫。推荐采用以下防治方法。

（1）冬季清园。清除枯枝落叶、残果、病株，铲除杂草及附近寄主植物，同时结合冬季修剪剪除病枝病叶并集中烧毁，杀死越冬病虫。深翻橘园，可以将浅土中的病菌和害虫埋入深土层，使其丧失生命力。

（2）培土施肥。特别是已结果的大树或果园，每年冬季应施入适当数量的基肥,重点施有机肥或复合肥,恢复树势,提高抗病虫能力。

(3) 刮治涂药。树皮裂缝是许多病虫潜伏越冬的处所。因此,可在12月中下旬至翌年1月,刮去树皮上的虫卵或病斑,集中烧毁,然后立即涂1:1:100波尔多液,也可用石灰涂白剂涂刷伤口,用石灰、水、食盐、20%异丙威乳油按1:3:0.03:0.01的比例配成白涂剂涂干,防止产卵,做到有虫治虫、无虫防病,同时还可以起到防寒、防日灼的效果。刮治涂药以杀灭病虫并防止病菌扩散。

(4) 药剂防治。橘树在冬季处于休眠期,抗药性强。因此,在病虫害发生严重的果园,冬季要喷洒杀伤力强的杀虫剂或杀菌剂,杀死潜伏的病原菌和害虫,减少翌年病菌侵染机会和害虫发生的概率。如喷施矿物油+炔螨特+阿维菌素以及戊唑醇等,可防治在橘树上越冬的锈壁虱、红蜘蛛、炭疽病等许多害虫及病原菌。但药剂防治时尽可能不伤天敌。

二、苹果病虫害综合防控技术

(一) 萌芽至开花前

此时期主要病虫害为苹果树腐烂病病斑和越冬的各种病虫,如芽鳞中越冬的山楂叶螨雌成螨、苹果全爪螨卵、卷叶蛾幼虫、蚜虫卵、介壳虫等。该时期还要预防花果免遭早春倒春寒的危害。

(1) 树上喷雾。4.5%高效氯氰菊酯乳油1 000倍液或4%甲维·高效氯氰菊酯水乳剂800倍液。

(2) 刮治苹果树腐烂病病斑。刮除时将病部的坏死组织及相连的5毫米左右健皮组织仔细刮净,深达木质部,刮后及时用43%戊唑醇悬浮剂4 000倍药液涂抹,直至不产生气泡为止,以后每半个月涂抹一次,连续涂抹3次。病斑超过树干周长1/4

的大病斑要及时桥接复壮。

(3) 果园安装杀虫灯。每 50 亩苹果园安装 1 组频射式杀虫灯，杀虫灯稍高于树冠，可诱杀食花金龟甲等趋光性害虫，降低害虫落卵量，减轻后期幼虫为害程度。具体方法是在果园内间隔 250~300 米安装一盏频振式杀虫灯，高出苹果树 1~2 米，每晚日落后开灯 1~2 小时，将害虫成虫电击杀死，减少落卵量。

(二) 落花后坐果期

此时期苹果白粉病随苹果树春梢抽生进入发病盛期，苹果斑点落叶病病菌、苹果褐斑病病菌、苹果锈病病菌等开始侵染新梢叶片，蚜虫、山楂叶螨、金纹细蛾、卷叶蛾等出蛰为害。开花后 7~10 天是各种越冬病虫出蛰盛期，也是施药关键时期。

(1) 树上喷雾。谢花后 3 天内全树喷一次 70% 丙森锌可湿性粉剂 500 倍液（如发现有食叶害虫加喷 2.5% 溴氰菊酯乳油 1 000 倍液）。

(2) 果园悬挂性诱剂。金纹细蛾发生较重的苹果园，田间安装性诱捕器，诱捕器安装间隔 15~20 米，每亩安装 6 个，悬挂于树冠外中部，距地面高度约 5 米，诱杀金纹细蛾成虫。

(三) 套袋前

叶部和果实病害的初侵染期和发病期也是多种害虫发生繁殖的关键时期。此时期苹果斑点落叶病、苹果褐斑病等病害开始发生，叶螨繁殖加快，苹果黄蚜、金纹细蛾等进入为害盛期。

套袋当天全树喷施 2.5% 溴氰菊酯乳油 2 000 倍液 +70% 丙森锌可湿性粉剂 500~600 倍液或 80% 代森锰锌可湿性粉剂 500 倍液 +43% 戊唑醇悬浮剂 4 000 倍液，当天喷当天套，当天没套完塑日再套时重新喷药。套袋不可太早，以防病虫害侵入袋内繁殖。

第十章 果树病虫害综合防控技术

(四) 套袋后幼果期

此时期苹果斑点落叶病、苹果褐斑病等病害进一步扩展，金纹细蛾、叶螨、卷叶蛾世代重叠，为害加重。6月初根据害螨发生情况田间释放捕食螨，合理负载；及时清理杀虫灯诱杀的害虫并深埋；定期更换性诱剂、诱芯或粘虫板，清理诱盆中的死虫并加注清水。6月中旬观察红蜘蛛发生情况，严重时全树喷24%螺螨酯4 000倍液+1.8%阿维菌素乳油2 000倍液。

(五) 果实膨大期

此时期高温多雨，诸多病虫进入盛发期，尤其是早期落叶病等叶部病害为害加重，卷叶蛾等继续为害，前期控制不力的山楂叶螨、苹果全爪螨等出现全年又一为害高峰。

(1) 树上喷雾。7月上旬、8月上旬各喷一次70%丙森锌可湿性粉剂500~600倍液+24%螺螨酯悬浮剂4 000倍液+2.5%溴氰菊酯乳油1 000倍液。

(2) 物理诱杀。树干上部捆绑诱虫带。于害虫越冬前，将诱虫带对接后绑扎在苹果树第一分枝下10~20厘米处诱集害虫在其中越冬。等害虫完全休眠后到出蛰前（12月至翌年2月）解下诱虫带集中烧毁。

(六) 果实成熟期

9月底至10月初，开始去掉双层纸袋的外袋，或者撕开双层纸袋成喇叭口状。7天后彻底去掉纸袋，喷施43%戊唑醇悬浮剂4 000倍液+2.5%溴氰菊酯乳油1 000倍液。

(七) 果实采收后

该时期病虫害开始越冬，包括树枝、树干粗老翘皮中越冬的山楂叶螨雌成螨、苹果全爪螨卵、卷叶蛾越冬幼虫等，枝干上的苹果树腐烂病新发病斑、轮纹病、干腐病，病果和病落叶中越冬的金纹细蛾蛹、苹果斑点落叶病病菌、苹果褐斑病病菌、苹果轮纹病病菌等。

（1）落实"剪、刮、清、涂、翻"等农业技术措施。一是剪除病虫枝，剪锯口、伤口等及时涂药保护；二是刮除粗老翘皮和苹果枝干轮纹病、苹果树干腐病等病皮，刮时树下铺设塑料膜，刮下的粗老翘皮、病皮集中带出园外销毁；三是清洁果园，将园内枯枝、病虫僵果、残存的套袋、杂草及剪、刮下的粗老翘皮和病虫枝等彻底清理出果园，并集中烧毁；四是枝干涂白，在刮除病皮和粗皮后用涂白剂（生石灰10份、20波美度石硫合剂2份、清水20份等充分搅拌均匀）对苹果树主干和大枝进行涂白。

（2）萌芽前对全树喷施3~5波美度石硫合剂，喷湿即可；剪除发病枝条和叶片；培养健壮的树势。

第十一章 茶树病虫草害综合防控技术

第一节 主要病虫草害

一、病害

茶树主要病害包括：茶饼病、茶网饼病、茶白星病、茶芽枯病、茶云纹叶枯病、茶炭疽病、茶轮斑病、茶褐色圆星病、茶煤病、茶赤叶斑病、茶藻斑病、茶红锈藻病、茶膏药病、茶枝梢黑点病、茶线腐病、茶枝癌病、茶白纹羽病、茶苗白绢病、茶根腐病、茶紫纹羽病、茶粗皮病等。

二、虫害

茶树主要害虫包括：茶尺蠖、油桐尺蠖、茶银尺蠖、木橑尺蠖、茶用克尺蠖、灰茶尺蠖、茶毛虫、茶黑毒蛾、茶白毒蛾、茶小卷叶蛾、茶卷叶蛾、茶细蛾、茶蓑蛾、大蓑蛾、茶褐蓑蛾、茶小蓑蛾、白囊蓑蛾、茶刺蛾、扁刺蛾、褐刺蛾、丽绿刺蛾、黄刺蛾、龟形小刺蛾、茶蚕、茶斑蛾、斜纹夜蛾、茶丽纹象甲、绿鳞象甲、茶芽粗腿象、角胸叶甲、红褐斑腿蝗、短额负蝗、绿蛊斯、假眼小绿叶蝉、黑刺粉虱、长白蚧、椰圆蚧、角蜡蚧、龟蜡蚧、红蜡蚧、茶长绵蚧、茶牡蛎蚧、碧蛾蜡蝉、青蛾蜡蝉、八点广翅蜡蝉、可可广翅蜡蝉、柿广翅蜡蝉、茶谷蛾、茶蚜、绿盲蝽、茶角盲蝽、茶网蝽、茶盾蝽、茶黄蓟马、茶棍蓟马、茶橙瘿螨、茶短须螨、茶跗线螨、咖啡小爪螨、神泽叶螨、茶天牛、茶红翅天牛、茶黑跗眼天牛、茶籽象甲、茶籽盾蝽、茶梢蛾、茶堆沙蛀蛾、咖啡木蠹蛾、铜绿丽金龟、黑绒鳃金龟、暗黑鳃金龟、斑喙丽金龟、大蟋蟀、家白蚁、非洲蝼蛄、小地老虎等。

三、草害

茶树主要草害包括：马唐、看麦娘、白茅、蒲公英、莎草、狗尾草、车前草、早熟禾、紫茎泽兰、小飞蓬、龙葵、堇草、蛇莓等。

第二节 综合防控技术

构建茶树病虫草害综合防控技术体系并因地制宜地付诸实施，即协调使用农业防治、生物防治、物理机械防治、化学防治和植物检疫等技术，持续控制病虫草害种群数量在防治指标之下，减免化学农药施用量。综合防控技术模式组成结构为病虫害监测预报+杀虫灯+农业防治+害虫性诱防治+信息素粘虫板+生物农药+冬季清园；技术路线贯彻"预防为主、综合防治"的方针，牢固树立"科学植保、绿色植保"的理念，积极应用成熟、高效的现代植保防控技术，努力降低化学农药的使用，提高茶叶的品质和产量，以获得良好的经济效益、生态效益和社会效益。

一、安装虫情测报灯

在茶园内安装虫情测报灯，通过加强预测预报，掌握病虫害最佳防治适期，及时指导防治，提高防治效果。

二、推广使用杀虫灯

选择太阳能杀虫灯,每 15~30 亩安装一盏杀虫灯,安装时灯离茶蓬间距 1.2 米,灯与灯间隔距离山区 120 米、丘陵 150 米,对茶毛虫、茶蓑蛾、茶尺蠖、茶小卷叶蛾等成虫进行诱杀。

三、加强农业防治

农业防治措施是茶园日常管理中最基础的工作。通过农事操作,有目的地定向改变某些环境因素,创造不利于病虫滋生和有利于天敌繁衍的环境条件,具有预防和长期控制茶园病虫害的作用。

(1) 及时、分批、多次采摘。茶树假眼小绿叶蝉、茶橙瘿螨、茶黄蓟马、茶二叉蚜、茶细蛾等主要在嫩梢为害,通过及时摘除嫩梢嫩叶,可以带走相当数量的虫口,恶化这些趋嫩害虫的取食产卵环境,减轻这类害虫的为害。同时,对以为害嫩梢为主的病害,如茶白星病和茶饼病有一定的抑制作用。

(2) 合理修剪与台刈。修剪可以直接清除大量病虫,修剪程度越深,剪去的病枝、虫枝越多,控制病虫害效果越明显。对茶小绿叶蝉、黑刺粉虱、茶白星病发生严重的茶园,通过合理修剪与台刈措施,改善茶园的通风透光条件,显著减轻病虫害的危害程度。重修剪、深修剪及台刈不仅可去除叶部病虫,还可去除茶梢蛾、茶蛀梗虫等钻蛀性害虫及不易根治的蚧壳类害虫。同时,将修剪下的枝叶压肥,还可以改善土壤,增加土壤有机质含量。

(3) 茶园铺草,合理除草。茶园行间铺草的目的是防止水土流失,保蓄土壤水分,稳定土温,抑制杂草生长,增加土壤有机质含量,提高土壤肥力和生物活性,冬天可提高地温防止冻害,减轻采茶人员对土壤的践踏,保持土体良好的构型,保护茶园蜘蛛安全过冬等,是有机茶园一举多得最重要的土壤管理措施。茶园铺草,一般不少于15 000千克/公顷,厚度5~10厘米,铺草时间宜在雨季或干旱季节来临之前,草料可利用山草、作物秸秆、绿肥等。对于有机茶园的恶性杂草切忌使用除草剂,至于一般杂草不必除净,保留一定数量的杂草有利于天敌的繁衍、栖息,维护生态系统的平衡。

(4)及时中耕,合理施肥。中耕可使土壤通风透气,促进茶树根系生长和土壤微生物的活动,破坏地下害虫的栖息场所,有利于天敌入土觅食。但一般以夏、秋季浅翻1~2次为宜。对茶丽纹象甲、茶角胸叶甲幼虫发生较多的茶园,也可在春茶开采前翻耕一次,秋、冬季茶园结合深耕挖蛹施基肥,杀死部分虫蛹如多数的茶尺蠖蛹、茶丽纹象甲的卵、幼虫等。还可将表土层中越冬的害虫如象甲类、蛴螬幼虫暴露于地面,使之因环境不适或机械损伤或被天敌捕食而死,减少出土成虫数量,减轻危害。

四、使用性诱剂诱杀

性诱剂配合性诱器诱杀害虫是利用昆虫信息素防治害虫的新方法。利用性诱剂、诱捕器诱杀害虫目前已经发展成为茶树绿色防控的主要手段之一。据武夷山市试验观察显示,茶尺蠖、茶毛虫信息素及诱捕器对茶园茶尺蠖、茶毛虫的防治效果分别达到42.36%和32.49%,能够较有效地控制茶尺蠖和茶毛虫田间虫口数量,降低茶叶损失。

五、应用信息素粘虫板

茶园假眼小绿叶蝉始终是茶树绿色防控必须解决的头号害虫,通过信息素加粘虫板的叠加使用,可以有效地控制茶园假眼小绿叶蝉的为害。黄色粘虫板的使用方法:在成虫大发生期,每亩插 25 厘米×30 厘米黄色虫板 20 片，粘虫板底边高于茶蓬面 10~20 厘米。近年来武夷山市累积示范推广面积达到 800 公顷，效果比较理想。

六、使用植物源农药

可以应用苏云金杆菌（Bt）制剂防治茶毛虫、茶尺蠖等鳞翅目幼虫，应用白僵菌防治茶丽纹象甲等，应用核型多角体病毒防治茶尺蠖、茶毛虫等鳞翅目幼虫，应用韦伯虫座孢菌防治黑刺粉虱、椰圆蚧等均有良好的防效；用捕食螨和 99%矿物油乳油防治茶橙瘿螨；用苦参碱、藜芦碱、印楝素防治茶小绿叶蝉、茶蚜、茶毛虫等。

七、冬季封园

冬季茶园封园，喷施石硫合剂。结合冬季修剪，剪除病虫枝，清除园内和园边的杂草、枯枝、落叶，并喷洒 45%石硫合剂 150 倍液或专用清园剂，对防治茶橙瘿螨、黑刺粉虱、蚧类和茶树病害等效果良好，对减少越冬病虫基数、减轻翌年病虫为害有着重要作用。

主要参考文献

全国农业技术推广服务中心.2016.农药减施增效农业绿色发展［M］.北京：中国农业出版社.

中央农业广播电视学校组.2018.化肥农药减施增效技术［M］.北京：中国农业出版社.